# 松林が命を守る

高田松原の再生を願う

遠山　益

第三文明社

2011年3月11日、東日本大震災の津波によって、高田松原の約7万本の松は
この“奇跡の一本松”以外すべてなぎ倒された(2012年5月26日)

「陸中海岸国立公園」「日本の名松100選」「日本百景」として多くの観光客が訪れ、市民の憩いの場でもあった高田松原は一瞬にして変わりはてた姿になった

美しい広田湾と向こうに仁田山(左)、大森山を望む

球児の夢の跡（陸前高田第一野球場）

がれきの整理もまだ終らぬ市街地
（陸前高田市）

一本松の根元に市民の願いが
（本頁写真3枚は著者撮影）

# 松林が命を守る

## ――高田松原の再生を願う

# まえがき

数多い樹種のなかで、特に松に関心を寄せ、注目したのは何故だろうか。日本人だから当然だといえば、それで済むことかもしれない。松は百樹の王といわれるだけでなく、日本人の心の樹でもあり、日本人の精神構造の一部を占めているからである。

日本人は小学校に入学して、まだ松の樹を区別できない子供の時から、マツという音を頻繁に耳にしている。それはクラスメートの中に松山、松川、松男、松代などなど、松が苗字や名前の級友が少なくなかったこと。また全国各地の市町村名に松に関連した地名の数が数知れないほど多いことなどに起因するだろう。

このように、松と日本人の日常生活との関係を見ると、物質面・精神面を問わず生活全般にわたって、松は日本人の生活の中に広く深く根差していることが分かる（第一章「松と日本人」を参照）。

両者の深い相関は神代の昔からあった。羽衣《はごろも》の松など神話にもしばしば登場する。松は同じ常磐木《ときわぎ》であっても、杉や檜と樹形が著しく異なって、湾曲した奇形の老松にはいかにも神霊が宿るに相応しいと感じたのは古代の日本人だけでなく、今日でも松の巨樹老木を神木として信仰の対象としている所は少なくない。

前述のように、松は古から人間社会と長く広くかかわってきたから、松の取材や情報収集、それらの整理は一人の能力を超えるほどで、その奥深さを痛感する。それでも長年の松に関する雑学量は山積し、広範囲に及んだ。

マツ科植物は北半球に広く分布し、その種類は一〇〇種を超えるという。各地域にはそれぞれ固有種の松がある。わが国ではアカマツとクロマツが代表的なものである。

欧州ではオーク（ナラやカシなどブナ科の樹木）が樹木王とされ、市民生活と最も親密な関係にあるとされるが、松もまたそれなりの存在感がある。古代欧州では松は神秘的な恐れを感ずる神木とされ、松かさは魔除けと考えられた。また松かさは男根ともみなされた。そのためギリシャ神話では穀物や大地の生産を司る女神デメテルの祭には松かさを捧げて子孫の繁栄を祈ったという。

松の語源について古文書に諸説がみられるが、一般的には「霜雪をまってなおその色を改めず」という説が受け入れられている。すなわち常磐木から由来している。またこの樹に松の漢字を当てたのは、「むかし丁固《ていこ》という人が腹の上に樹（松）が生える夢をみた。彼はこの樹に松の字を当てた。松は十八公である。自分は一八年たったら必ず公になるだろうといったが、実際そのとおりになったので、以後この樹葉は松とされた」という。いかにも中国らしい話である。

わが国でも松に関する逸話は少なくない。その一つに「赤松亡国論」がある。古代から現代まで物心両面にわたって日本人を守ってきた赤松が国を亡ぼす木なのかと、訝る人が少なくないであろう。この説は本多静六博士の『我国地力の衰弱と赤松』と題する論文に由来するといわれるが、世人は本多の真意とは異なった受け取り方をして誤解を生んだ。本多の論文は赤松が国を亡ぼすのではなく、赤松が繁茂するようなやせ地や乾燥地は人為的に造成したもので、これらをもとの肥沃《ひよく》な山林にもどさないと、やがて国は亡びると警世した内容であった。「赤松亡国論」は明治末期から大正初期にわたって、わが国の林学界や林業界に大きな騒ぎを巻き起こした。

ところで、筆者は現役引退後一〇数年間、森林と公園の情報収集に努めてきたのだが、その間の雑学的資料と知識は山積状態になった。そこで月刊誌『グリーン・パワー』に森林と公園を紹介する記事を掲載していただいた。これは通算五年間も連載することになった。

連載が終わって二年余経った頃、3・11東日本大震災が勃発した。あ然として恐れ戦《おのの》き、この世のものとは信じられなかった。少し落ち着きをとりもどしてから思い浮かんだ考えは、美しかったかつての高田松原を広く世人に紹介し、陸前高田市の復興の一環として、高田松原の復旧を是非実現してほしい、そのために協力できることは何だろうかということである。それは三五〇年ほど前、苦労を重ねてこの松原を創設し、これを守り育ててきた先人達の情熱と努力の実際を今日の人々に熟知してもらい、そしてこれに学び、実行するよう啓発することであった。本書執筆の直接の動機はここにあった。この目的に沿って、本書がいくらかでも読者のご参考になり、役立つことを願っている。

平成二五年　大寒

遠山　益

# 目次

第二章

# 高田松原の由来……51

## おわりに

カバー・口絵写真　宍戸清孝
装丁・本文デザイン　木村祐一（株式会社ゼロメガ）

# 序章

## 目的地は「高田松原」

二〇〇七（平成一九）年一〇月中旬、取材のため東北地方に旅立った。二〇〇八（平成二〇）年一月から『グリーン・パワー』に連載を予定していた『白砂青松《はくしゃせいしょう》を行く』の資料収集が目的だった。この連載は、日本各地の海岸松林を森林文化的視点から考察し、松林の存在と人間生活の関係を探ることが目的であった。松林の探訪は、まずは東北地方から始め、順次、南下して西日本にまで至ることが計画されていた。

数ある松林のなかから、東北地方では「高田松原（岩手県）」・「風の松原（秋田県）」・「万里の松原（山形県）」の三カ所が選定された。

その一番目として、「高田松原」が、この取材旅行の目的地であった。早朝、東京駅から東北新幹線に乗り込み、「一ノ関」で下車、大船渡線に乗り換える。その線路の描く線形を竜に見立てて「ドラゴンレール大船渡線」の愛称で親しまれるJR東日本のローカル線である。「一ノ関」から「陸前高田」まで、鉄路は山あいを縫うように敷かれ、文字通り竜（ドラゴン）のように曲がりくねりながら小さな町々に停車するので、一〇〇

第１図◎高田松原近郊図

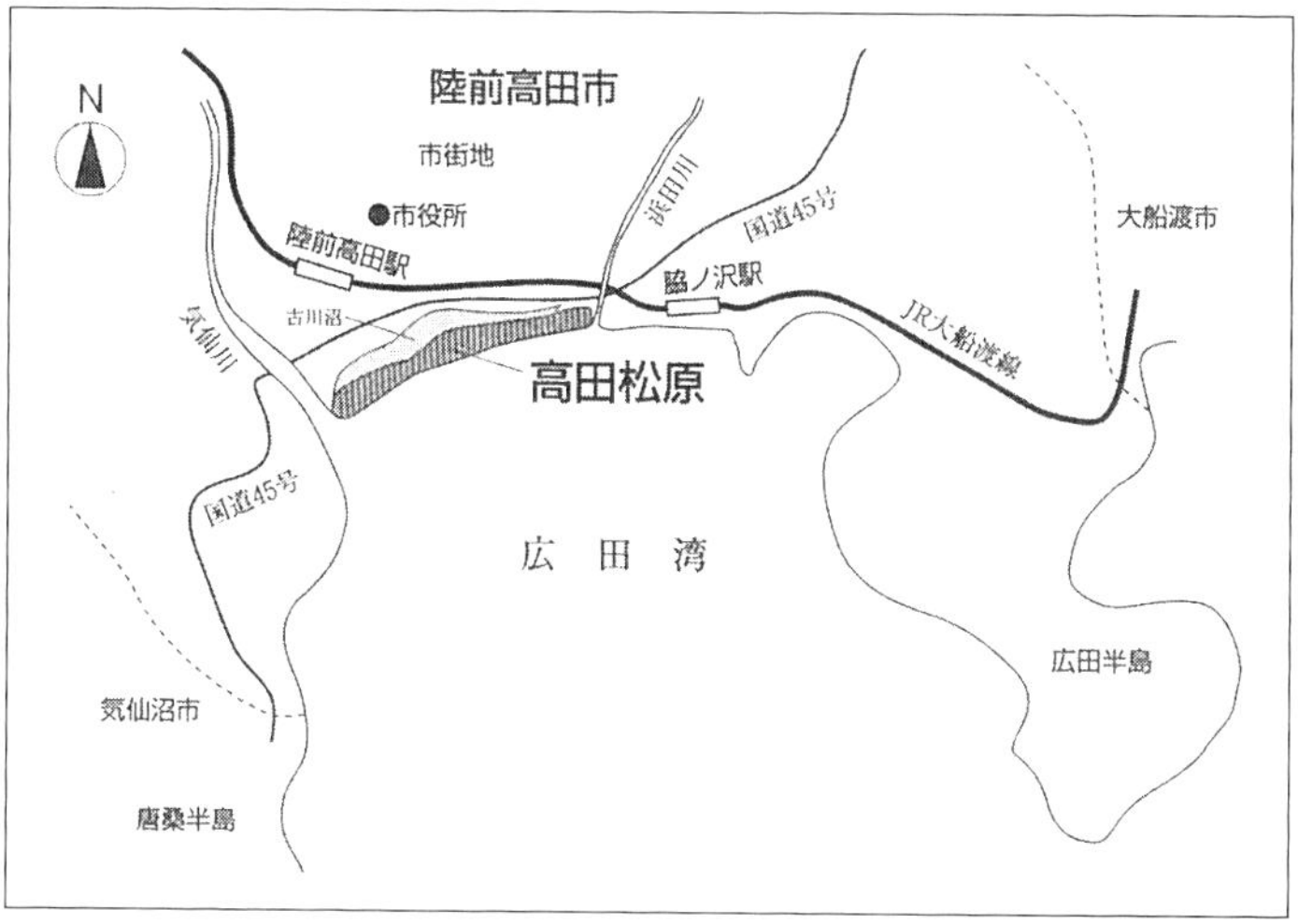


キロメートルにも満たない距離にもかかわらず、乗車時間は約二時間にもおよぶ（第1図）。

「陸前高田」は、二〇一一（平成二三）年三月一一日の東日本大震災が勃発する以前においては、一般の人々にはなじみが薄い地名であったのかもしれない。全国的に知名度の高い名所・旧跡があるわけでもなく、また特に有名な名産物があるわけでもないので、「陸前高田」の名前が全国に浸透していなくても不思議ではなかった。しかし、あることに関心のある一部の人たちにとって、「陸前高田」は以前から特別な場所として注目されている地域だった。それは、「高田松原」

の存在があったからである。今回の取材対象でもある。

「陸前高田」駅に着いたのは、すでに正午近かった。列車から降り立った客は、わずか二、三人しかいなかった。首都圏では、どんな郊外であってもこんなことはない。駅舎はひっそりとたたずみ、のどかな雰囲気を醸《かも》し出していた。プラットホームの南側には稲刈りを目前にした水田が広がり、その向こうには国道四五号線が通っていて、駅から車の往来が一望できる。そして、この国道に並行して、東西に松林が延びていた。これこそが、今回の目的地である「高田松原」であろうと見当がついた。

出発前に、貸自転車が駅前にあることを聞いていた。駅の改札係に尋ねたのだが、知らないらしく要領を得ない。駅を出て小さな商店街を歩きながら、一軒のスポーツ用品店をみつけ、聞いてみた。すると、「それは、うちで扱っています」という。何と、この自転車は無料で貸し出されている。店主は話し好きの好人物で、四方山《よもやま》話から自然に「高田松原」の話題となった。彼が言うには、「いま、浜は『白砂青松』ではない。先月の台風で気仙《けせん》川両岸の木々が大被害を受けて倒木となり、それらが海に流れ込んだ。そして、海岸流で再び倒木は浜に押し上げられてしまい、浜では除去作業の真っ最中」だとのことだ。思いがけず、松原についての現地情報を得た結果となった。

## 陸前高田市役所が協力してくれた

岩手県東京事務所から、陸前高田市役所商工観光課宛の紹介状をもらってきていたので、親切なスポーツ店主に市役所への道順を教えてもらい、まずは市役所に挨拶に行くことにした。この商店街から東に三区画ほど進んだところに陸前高田市役所はあり、すぐにわかった。

市役所二階にある商工観光課に行くと、課長をはじめとする課の皆さんが私を歓迎してくれた。今回の踏査にあたって、何くれとなく気を使って、いろいろな資料を整えるのに動き廻ってくれた。高田松原の地図を広げて、松原内を取材する道順や、是非見ておくべき所など指示してくださった。課長は「高田は三陸の湘南といわれるんだよ。雪は少なく、気候も比較的温暖で、観光地としても居住地としてもいいところだ」と誇らしげに話す。

市役所を辞して外に出ると、一瞬、方角感覚が分からなくなった。通行人は少なかったが、向こう側の歩道を歩いていた三人の子連れの女性に近づいて、「松原に行きたいのだが……」と道案内を頼んでみた。だが、当方の話を十分には聞きとれない様子であった。風貌からみて、東南アジア系の女性とお見受けした。当地の男性に嫁いで来たのか。それとも夫婦で出稼ぎに来たのか。それにしても東北地方のこんな小都市にまで、東南アジア系の人々がいることに驚いた。

彼女らの暢気《のんき》な道案内に従って自転車を走らせていたが、やがて、反対方向に進んでいることに気付いて、引き返した。結局、随分遠回わりしたけれども、やっと国道四五号線にたどりついた。市役所で地図上に指示してくれた通り、古川沼に注ぐ小泉川に架る最上堂橋を渡って、ようやく目的地の高田松原に到着した。

## 念願の「高田松原」に立つ

この入口が松原の正式な正面入口なのであろう。防潮堤を横切ってすぐ左側に、岩手県知事・増田寛也氏（当時）の揮毫になる「名勝高田松原」の美しい石碑が建っていた。

この入口付近は、松原の東端から約五〇〇メートルの地点にあって松原の東部域である。この地域内は遊歩道の整備もなく、林内は下草や低木が多く、人手はあまり入って

高田松原の正門近くにあった石碑（本文中の写真はすべて著者撮影）

いないように見えた。それでも海浜センター、民家か集会所か分からない建物もある。樹種としては、クロマツの老木が多いように見え、いかにも防潮林らしい松原の存在であった。

入口から海に向って直進する道路がある。この道路の西側は松林が開伐されて、サッカー場と第二野球場が造られていた。松林を都市公園としても機能させるため、これら運動施設を開設したのであろうか。これで、はたして暴風や防潮の対策は大丈夫なのだろうかと、驚きかつ心配にもなった。

野球場の西側から松原の西端まで約一〇〇〇メートルの林内は、気持ちよい

美しかった高田松原の遊歩道

遊歩道が整備されて、散策やジョギングなどに最適である。公園としての機能を重視しているためか、下草や広葉低木はきれいに刈り取られて、シートを敷いて寝転んで森林浴をするにはもってこいの場所と見受けた。黒松の間に多数の赤松が混在していて、その樹皮の美しさは際立って見える。松原の中央部から西端にかけての松林は、黒松よりもむしろ赤松の老木が多いように思われる。

遊歩道は松林の中央部と砂浜側と二本が東西に長く走り、松原の西端で接続している。遊歩道を歩いて行くと、高浜虚子の句碑がある。

草臥《が》れて　即ち憩う　松落葉

さらには、石川啄木の歌碑もあった。

近くに妙恩寺という寺院があり、松原の西端近くにはユースホステルが建っていた。松原の終点には古川沼から流れ出る水路の端に、海水の浸入を阻止するためであろう巨大な水門が空を突いて立っていた。かつて見たこともない巨大な水門に驚いた。その天辺に登って周囲を眺めようかと思ったが、それよりも、もう一度松原を印象づけ、見直したいと考えて、自転車を防潮堤の上に担ぎ上げて、人っ子一人いない松原をゆっくりペダルをこぎながら、左右の松林を見下ろしつつ東に向かって走った。防潮堤の北側には二〇〜三〇年生の若い黒松が密植されていた。

一〇月中旬、もう日は西に傾き、辺りは薄暗くなり始めた。急いで駅に戻らなければならない。駅に着いた時にはすっかり夜の帳《とばり》がおりていた。鉄道線路を横断して、上りプラットホームで列車を待つ人は二〜三人、その人々の顔形もよく見えない程の暗い淋しい駅であった。

プラットホームの南側に広がる水田は全く見えず、黒々とした空気に包まれている。一ノ関から東北新幹線で盛岡までは行きたいと思う。

翌日は秋田県能代市の「風の松原」を取材する予定である。盛岡に着いた時、もう午後九時近い時刻となっていたが、さすが県都盛岡駅は人々で混雑し、駅前の街の灯が眩《まぶ》しかった。

## 高田松原を実地踏査しての考察

いまとなっては、見ることのできない大震災前の高田松原をこの眼で観察し、この脚で踏査できたことは、何にも増して大きい貴重な宝を得た思いである。

わずか三〜四時間の踏査であったが、高田松原の東端から西端まで歩いた。その感想をまとめてみると、以下のようになる。

(1) 防風・防潮を目的として造成した松原であったが、三五〇余年を経た今日では、防風・防潮の機能を兼ねていることは勿論であるが、造林以来長年の間に樹林は成長して、風景美を付加してすぐれた景勝地となり、公園化された。そのため大勢の来訪者が集まる所となっている。

（2）この傾向はさらに助長されて、松林は市民の保健休養林として利用される方向に進んでいるように思われた。そのため林内の下草や雑木は刈り取られて、遊歩道が整備され、赤松と黒松の緑が白砂に映えて、日本三大白砂青松の地といわれるまでに発展した。

（3）松林内にユースホステル・寺院・海洋センターその他の家屋があることに驚いた。また松林を開伐してサッカー場・野球場などが設置されていることにはさらに驚いた。このほか古川沼から流れ出る水路の内陸側には各種のスポーツ・運動・野外活動施設が設けられている。

このような林内現状を考察すると、高田松原は防風林・防潮林としての機能よりも、スポーツ・運動・教養などの施設場としての意義が重視されてきたように思われる。陸前高田市の行政当局や市民は松原の防風・防潮という初期の目的を忘れたわけではないであろうが、何となく心に不安と不満が残った。平和で豊かな経済的発展に裏打ちされた生活を満喫している日本人にとって、災害に対して心に隙《すき》が生まれてきたのではという思いを払拭できなかった。「天災は忘れた頃にやってくる」の通り、未曽有の大震災がやってきた。

七万本もの松が一瞬のうちにこの度の巨大津波に流されるとは、とても信じ難い。しかし、三月一二日の航空写真で見ると、確かに松原は消失して、すっかり海水でおおわれているように見えた。

明治三陸津波でも、昭和三陸津波でも、これほどの津波の威力はなかった。地震の規模もM9という未曽有の大きさであったから、津波の大きさもそれに比例して大きいのは理解できるが、高田松原全体を消滅させる程の威力があるとは全く想像もできなかった。しかし、現実にそれを見せつけられて、自然の力の計り知れない猛威と人間の非力さを思い知らされた。

多くの日本人は、初めてテレビの映像で津波の恐ろしさ、途轍《とてつ》もなく巨大な力を見せつけられて、ただ恐れ戦くばかりであった。まるで巨大な恐竜が大口を開けて、人家などは一片の塵のように、何の抵抗もなくつぎつぎと飲み込む様は、とてもこの世のものとは思われない。地獄の沙汰を見るような思いであった。

広田湾では一五メートル以上の巨大津波が急襲して、多くの陸前高田市民がこれに飲み込まれて犠牲になったことは痛恨の極みで胸が痛む。亡くなった方々のご冥福を祈るとともに、ご家族の方々にはご同情とお悔みの言葉を申し上げたい。

## 陸前高田の復興を願って

最後に、陸前高田市の復興についてである。

先ずは罹災《りさい》者の衣食住の安定確保である。あの悲痛な日から二年経過した今日、行政当局と市民との連携協力によって、第一関門は不十分ながらも何とか通過した。次は、陸前高田市の将来の都市計画と地場産業の復興に向かって精力的に活動しているところであろう。地域の復興にあたっては、この度の地震津波の教訓を十分に取り入れて、一〇〇年の大計を樹立しなければならない。

都市計画の一環として、高田松原の復旧について参考になるかもしれない種々の知識と試案を提供して、陸前高田市の復興のお役に立ちたいと考えている。

試案とはいっても、全く独想的・創造的なものではない。地震津波の長い歴史のなかで先人達が提案してきた多くの方法手段がある。しかし、それらを知ってはいたが、今日までそれらを無視したり、実行しなかったり、あるいはそれらを全く知らなかったというものを再び掘り起こして、衆目にさらし、有効に生かしていくことが、必ずや復旧に役立つだろうと確信する。

高田松原の復旧は、第一義的には防風・防潮を目的として市民の生活・生命・財産を守るために造成するものであるが、高田松原の場合にはもう一つの目的を付加しなければならない。大震災以前の高田松原は「名勝高田松原」として、国の文化財に指定されていたのであるから、高田松原の復旧は日本文化の復旧でもある。

大震災からの復興とは、単に物質的経済的な面だけの復旧を指すものではない。わが国の長い歴史と伝統に裏打ちされた固有の日本文化の復旧を目指す面を忘れてはならない。

この度の大震災からの復興は世界各国が注目しているところである。日本国民は格調高い日本文化を忘れてはいないことを、世界に知らしめる好機でもある。

# 第一章　松と日本人

## (一) 生活のなかの松

### 日本人にとって身近な「松」の存在

身のまわりに松はないとか、このところ松は見ていないというような人でも、松については いか程かの知識と体験をもっている。

古来わが国では松竹梅と称され、これらはいずれも寒さに強いので、「歳寒《さいかん》の三友」とされ、慶祝には欠かせない。なかでも松は松竹梅の筆頭にあげられる。正月には門松を立てて祝う習わしである。

このように松は鶴亀とともに、めでたいものの代表として、日本人の文化と生活のなかに深く根づいている。松が百樹の王といわれる所以《ゆえん》である。

松と日本人との関係を辿《たど》ると、それは神代の時代から今日まで日本文化と深くかかわっていることが分かる。国土の四分の三が山地であるわが国では、山岳・森林・老大木などが自然信仰の対象であった。ご神木《しんぼく》とされたものは巨樹や老木などの風格ある大樹で、神が降臨するときの「依代《よりしろ》」（註・神霊が招き寄せられて乗り移る樹木・岩石その他）として信仰されてきた。ご神木には松のほかに、天を突く程に成長したスギ・ヒノキ・クスノキなども選ばれた。なかでも松はその樹形態から神霊が宿るに相応しいものとして聖視されてきた。

現代人は神社とは社殿そのものを指すように思っているが、本来神社は樹木の茂った神聖な霊域をいい、「神の降臨する場」を意味する。自然信仰の時代には社殿はなく、「神籬《ひもろぎ》」（註・神が宿ると考えた山・森・老木などの周りに常磐木を植え玉垣で囲んだところ）がほとんどで、山や森全体が神殿に相当した。やがて神聖な大樹老木や巨岩に神が降臨すると考えて、神の「岩座《いわくら》」（註・神の鎮座する所）として社が造られたのである。今日注目を集める「鎮守の杜」は神籬の末裔《まつえい》といえよう。杜とは本来樹木の茂った神聖な霊域、すなわち神の降臨する場所の意味である。

二一世紀の今日といえども、日本人の精神構造のなかにこのような自然信仰の要素が無意識のうちに入り込み、程度の差はあっても、全ての日本人の日常生活と無縁ではない。例えば、鎮守の杜は自然的にも、文化的・環境的にも、さらにまた社会的にも、それぞれの分野においてその存在価値は高く評価されて、現代日本人の生活と深くかかわっている。

羽衣伝説として、広く日本人に知られている三保の松原の「羽衣の松」を例にとってみよう。大己貴命《おおなむちのみこと》（大国主命《おおくにぬしのみこと》）とお后三穂津姫命《みつほひめのみこと》は、出雲の国を瓊瓊杵命《ににぎのみこと》に譲って「天の羽車」に乗って、三保の浦に降臨し、鎮座した所が御穂《みほ》神社といわれる。降臨に際して「依代」となりご神木とされたのが「羽衣の松」ということである。実際に「羽衣の松」の北方約六〇〇メートルに御穂神社が現存する。この神社は延喜年間（九〇一〜九二三）に造られた一〇〇〇年以上の歴史をもつ由緒正しい神社である。

初代の羽衣の松は、宝永四年（一七〇七）の富士山噴火の際に波浪に飲まれて海中に没した。現在の松は二代目で、樹齢約六五〇年以上、目通り三・五メートル、樹高一二メートルの老大木である。根元に石造りの小さな祠《ほこら》がある。これは羽車神社といわれ、二人の命が降臨に際して使った天の羽車の名残かもしれない。この場所を羽車という。現在の御穂神社に鎮座した二人の命《みこと》の離宮のあった場所といわれる。

羽衣伝説は戦前小学校唱歌にも取り入れられ、広く日本人に愛唱された。また羽衣伝説は天女と漁師の男女間の問題でありながら、汚れた内容にはせず、芸術の域まで高めて、清く美しい「羽衣」という代表的な謡曲《ようきょく》として昇華させたことは、さすがに日本文化といえよう。

## 松と文化・芸術

松は文化芸術的分野でも広く日本人と融合して、格調高い日本文化の構築に貢献した。歌舞伎や能・狂言には松は不可欠な要素である。歌舞伎では、能・狂言をまねて、背景に松羽目《まつばめ》を設けた舞台で演ずる。松羽目とは正面に大きな老松を描き、左右の袖に若竹を描いた羽目板のことである。

能・狂言では、能楽堂の正面本舞台の奥を後座《こうざ》といい、後座の正面と右側には鏡板を張ってある。正面の鏡板には老松を描いてあって、とくに松羽目という。右側には竹が描いてある。なお後座から左側へ楽屋に通じる部分を橋懸《はしがか》りという。橋懸りに沿って脇正面には一の松、二の松、三の松という若い松苗が配置される。このように能舞台における松は不可欠な要素である。

本舞台右側は地謡座《じうたいざ》といい、ここで謡われる謡曲のなかに登場する松といえば、最もよく知られたものは「高砂」と「若松」の二番であろう。その文章は格式と典雅を極め、特に「高砂」はめでたいものとして、祝儀には必ず謡われ、今日に引き継がれている。

## 和歌・俳句に詠まれた松

和歌・俳句等の分野と松とのかかわりを概観してみよう。

日本武尊《やまとたける》は東夷征討に向かう途中、伊勢国桑名郡尾津郷の岬にあった一つ松の下で休んで食事をとった。ここに剣を忘れて東国へ出発した。帰りの途中再びこの地に立ち寄ったところ、忘れて置いた剣がそのまま残っていたので、大変喜び傍らの松の雄々しい姿を見ながら歌を詠んだ。

「尾張に直に向へる尾津の岬なる一つ松あせを、
　一つ松人にありせば大刀《たちは》佩けましを、
　　夜着せましを、一つ松、あせを」

（註・「あせを」は歌謡のはやしことば）

これは松に関する最古の歌謡といわれ、日本武尊は松に心を寄せて歌謡にした最初の日本人といえよう。

わが国の上代文学を代表する万葉集には、松に関する歌・短歌が六五首、長歌四章を数える。

さらに古今集以下勅撰二一代集の中で、松の名歌として世に伝えられるものを、金井紫雲（大正・昭和時代の新聞記者）は詳しく調査している。それによると古今集から新続古今集まで含めて、八二〇首あるという。このほか、各家集、近代歌人の作などをあげれば数千首に上るだろうという。

松の名歌の一例をあげる。

常盤なる松のみどりも春くれば
いまひとしほの色まさりけり　　源宗于朝臣

松を詠んだ俳句は四季を通して数限りなくある。二例をあげる。

清瀧や波に散り込む青松葉　　芭蕉

名月やたたみのうへの松の影　　其角

松風という熟語はあるが、竹風や梅風はない。杉風や檜風ともいわない。桜風・樟風・欅風という熟語もない。数多い樹木のうちで、風と直結するのは松だけではないだろうか。常盤の松に風が吹くと、松風のほかに松籟・松韻・松涛などという詩情豊かな風の音を表現する言葉が生まれる。これは松風の音を識別する日本人の繊細な心と感性の表現に他ならない。

松は日本人の心にぴったりの木なのである。したがって、日本人の心の発露である芸術文化の面で、松に関連する作品が多いのは当然である。

## 松と日本画

日本画においても、松は画題として重要な位置を占めてきた。それは松を霊木として尊敬する自然崇拝からも由来するが、松は国内に広く生育繁茂し、これによって山川海の風景を彩っていることにも起因している。このため松はかなり古い時代から画題になってきた。松は屏風絵、襖絵、絵巻として、また松のみを描いたもの、花鳥画としての松、山水画としての松、人物画・動物画の背景としての松などさまざまである。

松の日本画といえば、桃山時代の長谷川等伯（一五三九～一六一〇）の松の木々が霧に煙る水墨画、国宝『松林図屏風』を想い起こす人が多いだろう。

明治以降の画家にも松の名作は少なくない。なかでも横山大観には松の作品が多い。『生々流転』はその集大成といえるだろう。また紀元二六〇〇年紀念としての大作『海山十題』のなかの『波騒ぐ』もまた松を描いた名作とされる。

その他、下村観山もよく松を描いた。さらに、川合玉堂《ぎょくどう》の『老松蒼鷹《ろうしょうそうよう》』、竹内栖鳳《せいほう》の『河口』等々、松の名作が数多くある。

## 日本人の生活に根づいた松

わが国では松によって美化され、詩化されて景勝地となった所が多い。松だけの山、松だけの島、断崖の松、庭園の松、街道の松など、場所によって景観を異にし、風趣を競いあっている。さらに口碑や伝説などがこれら名勝地の美しさを一層増大させている。日本三景（松島・天橋立・厳島）は松と海と岩石との総合美がなせる場所である。松林の名所は、三保の松原・舞子の浜・須磨・虹の松原・千本松原・千代の松原・生の松原・高田松原等々、数多く存在している。

このように松林は景勝地となりうるが、他方、保健休養林としての機能を併せもつ。さらに針葉樹は揮発性のテルペン化合物を含み、この物質が人体の神経系の疲労や緊張を緩和するのに効果があるので、医療の分野にも応用され、松林は森林浴の場ともなっている。

名木といわれる松も少なくない。

百樹の王だけあって全国各地に松の名木が存在する。本多静六博士の調査によれば、

松の名木の資格は、
（1）老樹大木であること。
（2）伝説や口碑《こうひ》によって有名なもの。
（3）形状が美しく、あるいは奇《き》な形態を有すること。
具体的には
幹廻りが普通五丈以上のもの。
樹高は二五間内外のもの。
樹齢は少なくとも五〇〇年以上のものとする。
これらの条件にあてはまる老松巨松は各地にあって、数え切れない程である。

## 実用面における松

日常生活の実用面からみると、古来松はすぐれた建築材であった。

松材は脂質成分が多いから、水に対する耐性が強く強度も大きいので、橋梁《きょうりょう》の杭や板として多用され、また船舶の帆柱として尊重された。家屋の建材としては、棟梁《とうりょう》用としては勿論のこと、床柱としてわが国の建築美の特色を示した。

松林内の松の枯枝や落葉などは、昔から地域住民や農民の燃料として、また田畑の肥料として重要であった。江戸時代から永年にわたり入会権《いりあいけん》が認められ、地域住民の入山が許され、枯枝や枯葉の採集とともに、山林内の副産物の採取が許可されてきた。

しかし、第二次世界大戦後になると、世界的な燃料革命と肥料革命が起こって、燃料は木・石炭から石油・天然ガスへ移行し、肥料は天然有機肥料から化学合成肥料へと移行したため、森林内の落葉かきや枯枝・枯木集めは消滅した。

また近代化学工業では、松は洋紙の原料として多量に使用された。その国の文化レベルの指標ともいうべき洋紙の使用量の大半は松が用いられてきたのである。

昨今、松は山地も海岸地もマツクイムシによる被害が甚大で、憂うべき状況にある。枯松は早々に処理して、被害の拡大を防ぐ必要があり、それらを焼却するのも一つの方法であるが、枯松を製紙工場でチップとして、パルプの原料にする方法もある。
「松は枯れても紙を残す」。悲喜こもごもである。

松林の副産物の代表は松茸であろう。松茸は秋の赤松林に発生する。味も香りも上等な高級食品である。「まつはな」とよぶ地域もある。

松茸やかぶれた程は松の形《なり》　芭蕉

松茸が赤松林に発生するのに対して、黒松の海岸砂丘に発生するのが松露《しょうろ》である。しかも松露は四〜五月頃現われる。昔は播磨《はりま》の高砂や舞子浜、九州の「生《いき》の松原」、「虹の松原」などは松露の名産地として知られていた。近年都市開発によって松露の発生が消滅した所が多いようである。茯苓《ぶくりょう》（まつほど）は松露と同じく黒松の根株の辺りに生ずるきのこの一種で、食用・薬用として尊重される。

茯苓は伏かくれ松露あらはれぬ　蕪村

以上、松と日本人とのかかわりの一部を概観した。まだまだ多くの事例があるが、それらをそれぞれ記すことが本書の目的ではない。

松は日本人の心の樹であって、松の存在を意識しようとしまいと、日本人の精神構造の一要素として重要な位置を占めていることを理解してもらえば、それで十分である。最後に次の歌をあげて、締めくくりとする。

心とは如何《いか》なるものを云《い》うやらん
墨絵にかきし松風の音　　一休宗純

# （二）植物としての松の性質

## 松の植物学的な側面は

マツ科植物は裸子植物のなかで最大の科で、世界で一一属二二〇種が生育する。これらは北アメリカ大陸とユーラシア大陸のほぼ全域に分布し、さらに東南アジアの諸島（スマトラ・ジャワ・ボルネオなどの各島）のほかマレー半島にも分布する。

植物進化の分野から見ると、マツ科植物はスギ科・マキ科植物などより新しい植物群であるといえる。それは、マツ科植物の化石は白亜紀後期（九六〇〇万年～六五〇〇万年前）の地層から見い出されているが、マキ科やスギ科の植物の化石はジュラ紀層（二億一二〇〇万年～一億九三〇〇万年前）から産出しているからである。

大雑把にいえば、植物進化的には広葉樹はさらに進化し発展性のある樹木であるが、針葉樹は衰退傾向にあるタイプの樹といえる。その証拠にスギは一属一種、トガサワラは二種、ヒノキは数種存在するにすぎない。

しかし、マツは針葉樹であるが例外で、広く北半球に分布し、その数一〇〇種を超えるほどである。これはマツが高冷地、温暖地、乾燥地、やせ地など各地によく適応する性質（遺伝子）をもっていることによると考えられる。マツは針葉樹であっても発展可能な種といえる。

わが国ではおよそ二万年前の地層からマツの花粉が発見されている。すなわち縄文時代（一億二〇〇〇年〜二三〇〇年前）に入る前にマツがすでに生育し、分布していたことになる。マツ属に含まれる約一〇〇種のうち、日本には七種が自生する。

すなわち、一般には針葉が二本束になって枝に付き、針葉内に二本の維管束《いかんそく》があるマツは「二葉松」とよばれ、アカマツ・クロマツ・リュウキュウマツがこの仲間に入る。これに対して、五本の針葉が束生し、一本の維管束をもつ松は「五葉松」とよばれ、ハイマツ・ゴヨウマツ・チョウセンゴヨウ・ヤクタネゴヨウなどがある。

## 日本の固有種としてのマツ

以上七種のほかに、いずれも日本の固有種として、カラマツ（カラマツ属）・エゾマツ（ハリモミ属）・トドマツ（モミ属）などのようにマツの名がつく樹木が日常的によく知られている。これはかつて日本人の多くが針葉樹をマツとよんでいた名残なのかもしれない。特にカラマツは北原白秋の詩『落葉松《からまつ》』で有名である。浅間山麓の広大なカラマツ林が秋に黄化した景色は美しく見事である。しかし、これらはマツ科植物の一員ではあるが、マツ属には入らないので、一般にはマツとはいわないで、それぞれの固有名詞で呼んでいる。日常マツと呼ぶ樹はアカマツかクロマツ、あるいはその両方を指している。

アカマツ・クロマツの自生分布の北限は青森県である。アカマツは本州・四国・九州の内陸部の山麓や低山帯に広く分布するが、東北地方では太平洋沿岸にも分布する。クロマツはアカマツより少し暖かい地域を好み、しかも海岸の砂丘や段丘などに分布するが、これらの地は潮風が強く、やせ地でしかも乾燥地である。

アカマツやクロマツは植物の生育環境が劣悪な地にも耐えて生育するから、遺伝的に強い樹木のように思われがちであるが、実はその反対で弱い樹木なのである。広葉樹木との生存競争には負けるので、広葉樹木が生育環境の劣悪なゆえに生育地としない場所を選んでマツは生育しているのである。

しかし、このようなマツでも、肥沃で生育環境の良好な所に植えれば、より一層成長するのは当然であるが、同じ場所にある広葉樹はさらに成長するから、両者が共存する土地ではマツは広葉樹との生存競争に負けて枯死する運命にある。その理由は、強い日光を好む「陽樹」の代表であるマツは、成長した広葉樹の葉陰になって日光不足になるからである。

アカマツは日本の代表的な二葉松で、樹皮が赤煉瓦《れんが》色をしているのでこの名がある。「女松」とも呼ばれる。山麓のアカマツ林では、葉の緑と幹の赤との色彩が調和して、見事な景観を呈する。

また、アカマツは山火事、乱伐、火山の噴火その他の災害などによって生じた荒廃地にいち早く侵入する先駆樹である。先駆樹とは荒廃地がやがて草地から樹林地へ遷移《せんい》するとき、真っ先にその地に出現する樹木のことである。

このように、アカマツは荒廃地や乾燥地にもよく育つ先駆樹であるから、自然林が崩壊した後に生ずる二次林として、しばしば純林をつくることがある。

クロマツも日本を代表する二葉松で、樹皮は黒褐色である。アカマツよりも大型で、幹枝・針葉が太く長く硬いので「男松」ともよばれる。北海道と琉球諸島を除いた日本の海岸に広く分布する。

天橋立や松島・陸前高田・宮古など、特に東北地方では、アカマツが海岸にも進出して生育している。このようにアカマツとクロマツが接触している場所、あるいは混在している地域では、両者の雑種（アイグロマツ、またはアカグロマツという）が生まれている。

マツには花らしい花ではないが、四月頃新しい枝の上部に紫紅色の雌花を数個つける。雄花は新しい枝の下部に群生する。雌雄同株で、風媒花でもある。雄花は成熟すると、黄色の花粉を煙のように飛散させる。これが花粉症の原因になる人もある。

松の花めでたし敢てかいくぐる　風生《ふうせい》

幾度か松の花粉の縁を拭く　虚子

成熟した松かさの内に多数の実が入っている。イタリア・フランスをはじめ中国でも、この実を食材として料理に用いるそうであるが、日本産の松かさには食品とする程の大きな実はできない。市販されている松の実の多くは中国からの輸入品だそうである。

# 第二章　高田松原の由来

## （一）防風林・防潮林としての高田松原

### 松原の基礎を造成した二人の先達

今日の高田松原（東日本大震災以前のもの、以下同じ）の地は、昔は気仙郡高田村立神浜《たつかみはま》と呼ばれた。この浜一帯の海岸は、古来草木のない不毛の砂地で、海辺から吹き上げる風波のため、飛砂《ひさ》の移動が激しく、年々砂丘が進行拡大した。そのため村の田畑の大部分は毎年潮風の被害を受けて、農民は苦難におちいり、永年にわたり村の悩みの種になっていた。

村民は幾多の対策を講じてきたが、成果の上らぬまま年月は経過した。しかし、寛文年間（一六六一～一六七三）以降になると、この砂丘に防風・防砂・降潮のため松を植栽して村民の窮乏を救おうとした二人の先達が現われた。

一人は高田村の豪農であり豪商でもあった菅野杢之助《もくのすけ》であり、もう一人は今泉村の肝煎である松坂新右衛門だった。両人は私財を投じ、苦労を重ねて、後世の高田松原の基礎を造成した。

全国各地の海岸松林の造成には、度重なる失敗の末に考案されたその地方独特の植栽法と、それを成功させるまでの苦難の歴史がある。高田松原もその例外ではなかった。

慶長二〇年（一六一五）五月、大阪夏の陣で徳川家康に滅ぼされた豊臣方の武士の一人、平賀某は陸前高田に落ちのび、町人菅野五郎の家に住みついた。やがてこの家の娘と結婚して姓を菅野と改め、「平賀屋」という看板をかかげて商売を始めた。大阪商人との取り引きを始め、商売は順調に発展して、数年後にはこの地方切っての豪商といわれるまでの財力を蓄えた。

## 菅野杢之助の子孫たちの尽力

平賀屋で生まれた二代目の杢之助は、父親とともに商売にも熱心であったが、他方その財力で付近の荒野を開墾《かいこん》して農地を拡大し、数年後に大地主ともなった。

寛永一四年六月二三日から四日間降り続いた大雨による大洪水や、天保三年の大洪水などで新田はさらに荒廃し、高田村の農民は一層困窮におちいった。寛文六年、仙台藩の役人山崎平太左衛門はこの荒廃地を検分するため派遣され、菅野杢之助に向って「この潮の入った土地は新田にならぬか」と問うたところ、杢之助はそれは難しいと返答した。

山崎はこの事情を復命した結果、同年九月に鎌田九郎と宮沢源左衛門の両代官が出張してきて、杢之助に会い、立神浜の長さ四町、幅二町の土地に松を植栽するように、苗木は山から村人足で集めるよう指示した。


杢之助は村人と相談して立神浜の植栽を計画し、翌年の寛文七年二月七日から開始することとした。彼は松苗九〇〇本と人足一〇人を出し、立神浜の東部二〇〇間の所へ高さ三尺の防風よしずを造った。

ほかの村人は苗木五三〇〇本と人足七四人を出し、大勢で植栽を始めた。九日から一二日まで人足は毎日八〜一二人出て、一二日には一応植栽は完了した。人足は延べ一二七人、松苗六一九八本、監督は杢之助が務めた。人足にはお上から少しばかりの賃金が支払われた。

しかし、植付けた松苗はその年のうちに大半が枯死して、生き残ったものはわずかであった。この事情を代官に報告したら、何とかして成功させるようにと要請された。人足を一度に多数出すと植え方が粗雑になり、山から松苗を掘り出す方法も雑になるから工夫せよと指導を受けた。

このとき杢之助は、「自分の土地の年貢額のうち三貫三百文に相当する土地が、いま潮水に浸っている。お上でこの分の労役を削減して下されば、小作人の労役が少なくなるから、小作人たちは念を入れて丁寧に植付けすることでしょう」と進言した。代官はこの申し出を了承した。

そこで杢之助は、次年度から造林経費のすべてを負担し、植栽法を工夫した。すなわち、飛砂の移動を防ぎ、地盤を安定させる方法として、一〇間（一八・二一メートル）～一二〇間（三六・四メートル）の間隔をおき、主風の方向と約四五度の角度をなすように、並行直線状に高さ三尺（約一メートル）のすだれ垣を造り、各町（一町は六〇間、一〇九メートル）ごとに四～五〇〇本の割で松苗を植栽する方法を工案した。

この作業は年々延長し、長さ一五〇間、幅五〇間の間に同様の砂留工事と植栽を行い、その後六年間植栽と保護育成に努めた。杢之助は約束通り、寛文八年に人足七六人、同九年は八三人、同一〇年は九五人、同一一年は六五人、同一二年は五三人、延宝元年（一六七三）は一〇〇人の合計四七二人、植付けた松苗の総数は一万八〇〇〇本に達した。

寛文一一年四月、杢之助は立神浜植栽事業を半ばにして逝去するが、その子七左衛門は父の遺業を受け継ぎ、さらにその子八三郎はじめ子々孫々が立神《たつかみ》御《お》林《ばやし》御《お》山守《やまのかみ》として、松林の保護育成に精進した。その結果、立神浜の東西八〇〇間、南北八〇間の間は黒松と赤松の混生林がうっ蒼として繁茂することになった。今日の高田松原の原型がすなわちこれである。

こうして高田村の耕地一五〇余町歩（ヘクタール）の作物は、防風・防砂・防潮などの環境改善によって、十分に収穫が得られるようになった。明治三陸津波のときも高田町では大きな被害を受けず、二六〇〇戸の村民は安心して居住できるようになったのである。

## 松坂新右衛門によって造られた松林

一方、寛永一四年（一六三七）頃、気仙川流域および河口一帯（高田松原西側後背地）の新田開拓が進められていたが、水害・潮害・風害などで田圃は砂に埋没し、荒廃地となって収穫は皆無に近い状態であった。

享保年間（一七一六〜一七三六）になると、今泉村（現・陸前高田市気仙町）の松坂新右衛門は「この対策は防風林の造成あるのみ」と決断して、私財を投じて防潮林・防風林の植栽事業を計画した。

松坂新右衛門は寛文一一年（一七六一）に宮城県本吉郡山田村で、芳賀吉左衛門の三男として生まれたが、仙台藩の鉱山行政をしていた松坂十兵衛家の婿養子となり、養父十兵衛の役職を継ぎ、藩財政の立て直しに貢献した。

他方、進展をみない新田開発に追い打ちをかけるように、東北地方を襲った凶作から農民を救うため、気仙川流域と河口の砂浜の南北一〇〇間、東西三〇〇間、面積九町三反歩内に赤松を植栽し、防風林・防潮林の造成にとりかかった。

しかし、その植栽方法、植付け本数（数千本といわれている）、植付年とその期間などについては、記録や口碑が残っていないので、正確な事実は分からないが、高田松原西部地域、気仙町に存在する松原はこれに当たると思われる。この植栽した松林によって気仙町の耕地約七〇町歩は潮害から脱することができた。

## 明治以降の高田松原

こうして、二人の先達によってその基礎がつくられた立神浜の高田松原は、明治維新に際して官有林に編入されたが、明治四二年（一九〇九）に菅野杢之助の子孫菅野キヨに払い下げられた。しかしその後摺沢《すりさわ》村（現一関市大東町）の豪商佐藤良平に売却された。第二次世界大戦後の昭和二一年（一九四六）に高田町がこれを買い受けて町有林となり、陸前高田市有林として今日に至っている。

高田松原は南は広田湾に面し、東は浜田川、西は気仙川によって囲まれ、松原の北側は松林と平行して細く延びた美しい古川沼に接し、沼の北方に市街地が広がっている。高田松原の砂浜は白砂の名に最も相応しい白さで、松の緑との色彩のコントラストは見事である。

この砂浜は広田湾を抱えこんでいる広田半島と唐桑《からくわ》半島の海岸崖《がけ》が海流に侵食されてできた砂粒と、浜田川と気仙川が上流から運んできた砂粒とが海岸流によって岸辺に打

美しい白砂海岸は台風による漂着流木等の除去工事中であった
（2007年10月）

ち寄せられ、堆積《たいせき》したものである。白砂の白色は、花崗岩が風化され、浸食されて遊離した主要構成分である石英《せきえい》の色に由来する。

高田松原の総面積は約六一ヘクタール、そのうち松林の面積は約二〇ヘクタール、南北幅は平均一〇〇メートル、東西の長さ一・八キロメートルである。昭和五四年の調査樹齢一〇〇年を超えるアカマツ約一万五〇〇〇本、クロマツ九〇〇〇本と記録されている。その後海側と沼側（内陸側）にそれぞれ多数のクロマツの若樹を植栽したので、松原の総本数は約七万本である。

この松原の規模は、能代市の「風の松

原」や酒田市の「万里の松原」と比べると、その面積や松の本数は桁違《けたちが》いに小さいものの、松林の維持管理が行き届き、国内の多くの松林の中でも群を抜いて美しい景観を呈する、わが国における代表的な松林として称《たた》えられてきた。

## （二）近年の高田松原

### 松原に対する人々の認識

わが国の国土は約三分の二が山地で、残りのおよそ三割弱が狭い海岸地帯の平地や丘陵地である。ここに居住・農耕・各種商工業・交通機関などがひしめいている。そのため、海岸地帯の土地の有効利用は、以前から重要な課題であった。

他方、この地帯は潮風・飛砂・高潮などの災害を避けて通れない所であるから、古来そのための対策が講じられてきた。先人たちは経験的に防砂・防風・防潮のためには、海岸に林帯を造成することが有効であることを知っていた。

実際、海岸にクロマツを植栽し始めたのは一六～一七世紀（桃山時代から江戸時代前期）の頃で、全国各地で海岸林の造成が開始された。菅野杢之助が陸前の立神浜にマツを植栽したのもこの頃であった。

万里の長城を想わせる高田松原の防潮堤（2007年10月）

前述したように、海岸林の造成は地域住民の生命・財産を守るとともに、田畑・道路・水路などを災害から守る目的で造られたものであるが、年月の経過とともに、その機能や海岸林に対する世人の認識は少しずつ変化してゆく。その理由はいろいろ考えられる。

たとえば、

（1）防災機能のほかに新たな機能が付加される。具体的には、海岸防災林は経年的に成長してその機能を増し、魚つき林として、さらに保健休養林としての機能を兼備するようになる。

（2）三〇年～五〇年も経つと、先代の人々が遭遇した災害の苦しい悲しい体験は除々に風化して忘れられていく。だからこそ私どもは地震・津波という天災に際して、繰り返し幾度も大きな犠牲を払ってきたのである。悲しいけれどもこの傾向は人間の宿命的な本性でもある。

（3）また近年の科学技術の発展に伴って、各種の科学的防災施設が整備されてきた。私どもはそれらの設備を過信し、その上に安住してきた。

という三点を理由としてあげることができるだろう。

## 海岸林の存在意義の変遷

このように、完成した海岸防災林といえども、その機能は永久不変ではない。その存在意義や役割が時代とともに変遷していくことを止めることはできない。

ここで二人の識者の海岸林の存在意義の変遷についての見解を紹介する。

『日本の海岸林』の著者、若江則忠氏は「狭い国土は海岸地帯の利用の要請を必然たらしめており、都市計画や臨海工業の用地として、更に観光施設、海水浴などのレクリエーションの場として、海岸林を転用しようとする趨勢《すうせい》にある」と述べている。しかし、「私達は祖先の体験に学び、更には最近の研究と経験にかんがみ、海岸林の果たしている防災効果を確認しつつ、一面その多目的土地利用について、新しい構想と規模において推し進めなければならない」と付言して、秩序のない転用に歯止めをかけている。

次に、わが国の「森林文化」という新分野のパイオニアである筒井迪夫氏は「現在の海岸防災林は禁伐を原則とし、立ち入り制限する国権の森から、緑を楽しむ人びとが自由に入り設計する人間の森へ、国民の安寧《あんねい》を国が守る官治の森から、人びとが自らの健康を守り、アメニティを享受できる環境の森へ、あるいは日本文化の原像を考える文化の森へと変遷しつつあると考えている」と述べている。

## 三陸における地震津波の体験

昭和八年三月三日の昭和三陸地震津波以来この度の東日本大震災までの間、三陸の地では幾多の地震津波を体験してきた。それらの大部分は比較的軽微なもので、大きな被害をもたらすものではなかった。それは防災対策がある程度まで整備されていたことにもよるだろう。
ただ一つ例外的な大きな津波は、昭和三五年五月二四日のチリ地震津波であった。この際には多数の犠牲者があり、建物被害・農林水産関係被害などが巨額に達した。しかし、チリ地震津波といえども、それはもう半世紀も前のことである。この災害を実際体験した人々であっても、当時の苦しく悲しい体験は記憶から薄れつつあるのではないだろうか。まして間接的にそれを知らされた多くの人々はなおさらのことである。寺田寅彦博士（一八七八～一九三五）は「天災は忘れた頃にやってくる」との名言を残した。

第二次世界大戦後、廃墟《はいきょ》の中から立ち上った日本国民は、西欧先進諸国に追い付き、追い越せの掛け声のもと、科学技術産業の急速な発展に裏打ちされて経済的発展を成し遂げた。国民の経済的充足度は右肩上がりに急上昇して、間もなく世界有数の経済大国となった。

このような社会的変遷の中で、合理的な科学技術を生活様式の中に導入した結果生まれたものの一つは、日常生活における余暇の増大であった。そして経済的な豊かな生活の中で、余暇の使い方は多種多様に拡大していった。こうした現象は、過去の災害時における苦しかった体験の忘却を加速度的に速める結果となった。

## 社会の変遷と高田松原

余暇の急増した社会のなかで、高田松原の機能や存在意義にどんな変遷が生まれたであろうか。

すでに一九四〇年「名勝高田松原」として国の文化財に指定されていたが、世をあげての余暇時代に入ると、高田松原は、市民が余暇を過ごす格好の場所と目されるようになった。これといって名所旧蹟のない陸前高田市では、この傾向を見逃さず、白砂青松の風光明媚な高田松原海岸を宣伝することに努めたのも無理からぬところであった。

この頃、国や自治体および各種公共団体は、増大しつつある国民の余暇をいかに有効に消費させるかを熱心に検討するようになった。この方向に沿って、高田松原は都市公園（一九五八）、新日本百景（一九五八）、日本の名松百選（一九八三）、森林浴百選（一九八六）など十指に余る指定を受けた。そのため高田松原の利用者や観光客は年間八〇万人を超えるほどになった。

第二次世界大戦後、いち早く復旧し、質量ともに戦前をはるかに上廻るほど活性化が進んだ分野はスポーツ界であった。三陸地方の小都市である陸前高田市でも、青少年の活動空間に利用するため、昭和三七年には都市公園事業の一環として、高田松原内にグラウンド（現サッカー場）が完成した。次いで昭和四四年にはグラウンドに隣接して高田松原野球場の完成をみた。さらにその翌年には松原の西端部にユースホステルが、東端部にはトレーニングセンターが建設された。このように、高田松原は防災林機能のほかに、都市公園としての要素がつぎつぎと上積みされることになった。

国は国民の余暇時代の対策として、昭和六二年「総合保養地域整備法」いわゆるリゾート法を制定した。この目的は全国各地のリゾート地区に、民間の活力と資金を導入して、スポーツ・レクリエーション施設、教養文化施設、集会施設、宿泊施設などを整備して、国民の余暇時代の増大と高齢化社会に対応しようとするものであった。

平成元年三月、岩手県が策定した気仙地区（大船渡・陸前高田・住田・三陸の四市町）を中心とした「総合保養地域の整備に関する基本構想」は当時の国土庁はじめ関係省庁の承認を得て、「三陸リアス・リゾート地区」として指定された。

この具体的な計画に先立って、岩手県は昭和六一年高田松原周辺に野外活動センターを設置する構想を陸前高田市に打診し、同六三年八月にその具体的な建設計画を提示した。設置場所は高田松原の背後地、市内気仙町砂盛地区に決定し、二年間の工事を経て、平成四年四月「岩手県立高田松原野外活動センター」として開設した。

この施設によって、陸前高田市のシンボルである高田松原は、防風・防砂・防潮の機能のほかに、新たにスポーツ・レクリエーション施設兼文化教養施設という機能が追加されることになった。

また、平成元年から五年計画で建設省（現・国土交通省）が提唱した「コースタル・コミュニティ・ゾーン」（海辺ふれあいゾーン）というプランに沿って、県・市・民間が協力して、高田松原海岸の整備を計画した。この目的は地域住民にとって、この地を快適な区域にすると同時に、利用客に対しては海岸・松原・湖沼・河川などのユニークな自然に触れうるリゾート地区にすることである。

その具体的な事業として、次の計画が実施されることになった。

（1）現在の離岸堤のほかに、新たに高田松原の二〇〇メートル沖合の海面下二メートルに、長さ四〇〇メートル、幅一二〇メートルの人工リーフ（人工岩礁）を三基建設する。そのほか津波対策として松原第二防潮堤に避難階段を八カ所設ける。
（2）川原川及び古川沼の浄化対策
（3）川原川及び古川沼の拡幅と護岸工事
（4）河口部のマリーナ整備

## 自然と共生する社会実現のために

以上、高田松原とその周辺部の近年における存在と機能との変遷について概観した。陸前高田市の市政の方向は、屈指の白砂青松という天然の景勝地である高田松原を市の最大の財産とし、これを広く世に宣伝し、有効に利用してもらい、市の活性化につなげる施策を目指している。自然と共生する社会の実現が求められている現代人にとって、海岸防災林と自然環境との保全を維持しつつ、地域の文化と産業経済の活性化を計ることとは、現実的な生きた政策であり、当然の成り行きである。

前述の通り、第二次大戦後の高田松原に関係する諸事業の多くは、スポーツ・レクリエーション施設や文化教養施設が主で、高田松原の本来の機能の維持・強化はおろそかにされたような印象を受けるが、高田市民は決して防災について忘れてはいない。これら諸事業は国や県が策定した構想に沿って進められたものであり、多額の経費を必要とするため、国や県の支援や認可の下で実施されてきた経緯がある。

したがって、もしこれら諸事業を重点政策として推進したことに対し、防災の危機感を欠如しているのではとの批判が陸前高田市に向けられるとすれば、それは正鵠《せいこく》を射《い》ているとはいえない、と弁護できるであろう。

しかし、陸前高田市民に限らず、松原の持つ本来の機能がいかに大切であるかという視点が薄れてしまっていた点において、日本人全体が天災に対する準備に隙があったこともまた、否定できないのである。

# 第三章　三陸地方の地震と津波

# （一）これまでの三陸の地震と津波

## 三陸沖の地殻構造の特徴

三陸（陸前・陸中・陸奥の三国）の太平洋沿岸は日本国内はもとより、世界的にみても、地震と津波（海底の地殻変動によって起こる地震と、併発する津波）が最も頻繁に発生する地域である。過去において三陸沖に発生した大地震はすべてこの地帯に発生した大津波を伴なっていた。

すなわち、三陸沖は地殻構造上宿命的に大地震の発生する地域で、かつ津波の常襲地でもある。したがって、三陸沖は将来も必然的に大地震ならびに大津波の発生は避けられない。

より具体的かつ平易に述べるならば、地球の地殻は十数枚のプレート（岩板）でおおわれている。このプレートはひび割れしていて、ゆっくり移動している。したがって、プレート同士が互いに衝突して盛り上がったり、あるいはあるプレートが他のプレート

第２図◎余震と誘発地震

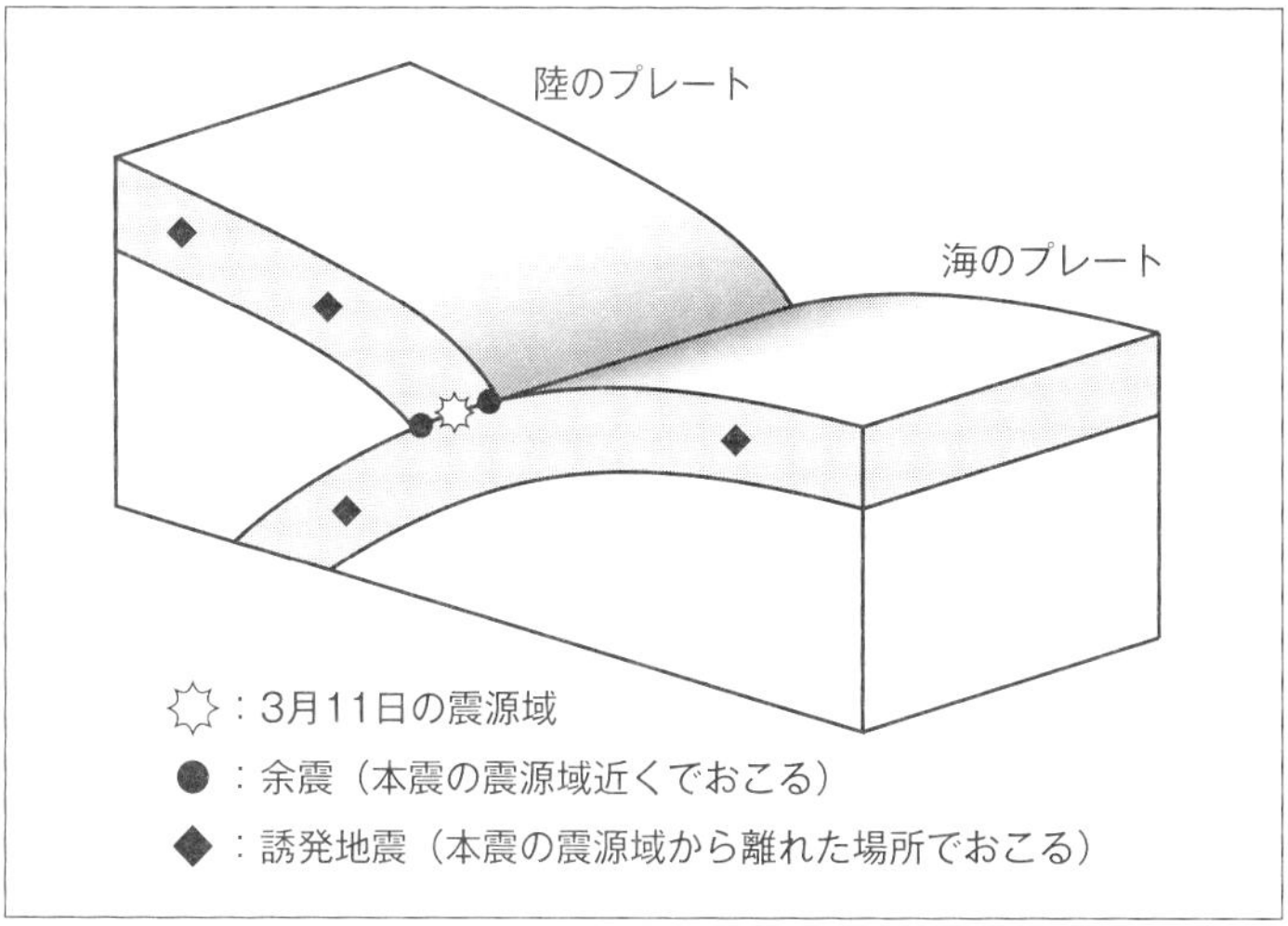


第３図◎断層

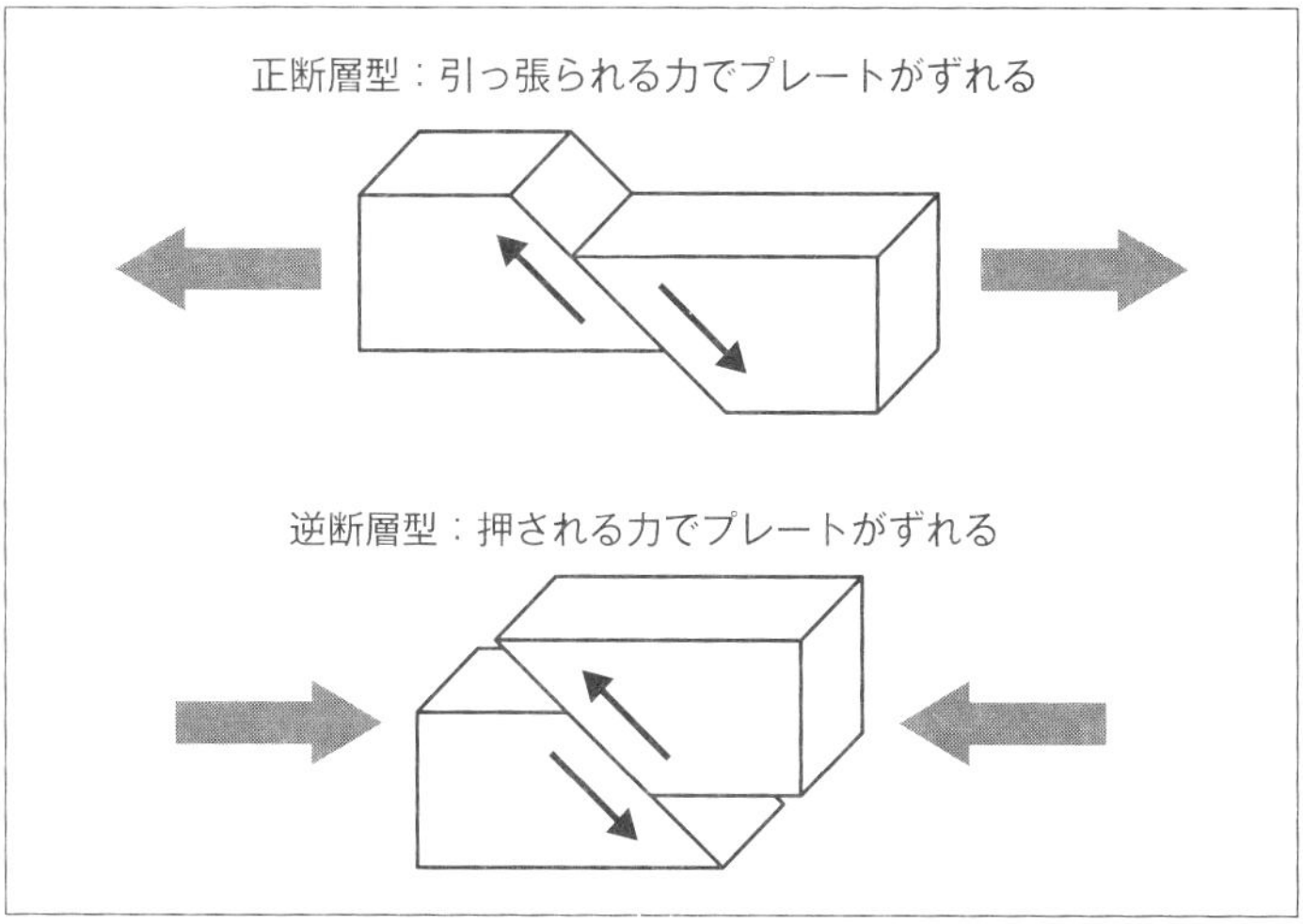

の下に潜り込んだりすることがある。

第2図に示したように、太平洋プレート（海のプレート）が日本列島の約二〇〇キロメートル東方にある日本海溝の場所から、北米プレート（陸のプレート）の下に潜り込んでいる。潜り込むときこれら二つのプレート同士は接着しているが、いつまでも接着したままではない。時には接着部分が割れたり、分離したりすることがある。このとき引き込まれていた北米プレートは元の状態に戻ろうとして大きくずれる。

このプレートの変動が地震となって現われ、同時にこの変動によって海面を盛り上げるので、津波を発生するのである。プレートのずれの結果断層が生じるが、このとき互いに引っ張る力が働いてプレートがずれる場合を「正断層」、互いに押し合う力でずれる場合を「逆断層」という。日本では海のプレートと陸のプレートが押し合う場所に位置しているので、逆断層型の地震が多い（第3図）。

三陸沿岸津波のうち、その高さ三メートル以上のものを第1表に示した。

このように三陸沿岸に津波が頻繁に来襲するのは、前述の通り三陸沖二〇〇キロメートル東方の海底地殻に変動すなわち地震が起こるからである。

## 第１表◎三陸沿岸に襲来したおもな津波

| 年号 | 西暦 | 昭和８年に至るまでの年数 | 波源 | 三陸沿岸における大きさ |
|---|---|---|---|---|
| 貞観11年 | 869・7・13 | 1,064 | 三陸沖 | 大の大 |
| 慶長16年 | 1611・12・2 | 322 | 同上 | 大の大 |
| 元和2年 | 1611・9・9 | 317 | 同上 | 小 |
| 寛永17年 | 1640・7・31 | 293 | 北海道沖西部 | 小 |
| 延宝5年 | 1677・4・13 | 256 | 三陸沖 | 中 |
| 元禄2年 | 1689 | 244 | 同上 | 小 |
| 宝歴12年 | 1763・1・29 | 170 | 八戸沖 | 小 |
| 寛政5年 | 1793・2・17 | 140 | 陸中沖 | 中 |
| 天保6年 | 1835・7・20 | 98 | 陸前沖 | 中 |
| 天保14年 | 1843・4・25 | 90 | 北海道沖東部 | 中 |
| 安政3年 | 1856・8・23 | 77 | 北海道沖西部 | 中 |
| 明治27年 | 1894・3・22 | 39 | 北海道沖東部 | 小 |
| 明治29年 | 1896・6・15 | 37 | 三陸沖 | 大 |
| 明治31年 | 1898・8・15 | 36 | 陸前沖 | 小 |
| 昭和8年 | 1933・3・3 | 0 | 三陸沖 | 大の小 |
| 昭和13年 | 1938・11・5 | 5 | 浪江沖 | 中 |
| 昭和35年 | 1960・5・24 | 27 | チリ中部沖 | 中 |
| 平成23年 | 2011・3・11 | 73 | 三陸沖 | 大の大 |

参考引用文献(17)・(25)を基に配列

津波の性質については後述するが、ここでは津波の被害が三陸で甚大であることについて考えてみる。それは三陸沿岸の地形に由来する。すなわち、三陸沿岸はリアス式で、V字型及びU字型の港湾（入江）があり、これらの奥に町村が存在するからである。このような地形の海岸は津波の発達を促進してしまいがちである。

すなわち、津波の発生源から海岸に向かって伝播《でんぱ》して来た波は、V字型やU字型の港湾に到達すると、その場の幅は狭くなり、水深は浅くなるため、津波の高さは増大することになる。したがって被害は甚大になる。明治時代以降、三陸の大津波とされている明治三陸津波と昭和三陸津波の被害状況を第2表と第3表に示した。

## 昭和三陸津波の実体験に学ぶ

昭和八年当時、高田町に在住し高田営林署の職員であった竹内義三郎氏は、昭和三陸津波を実体験した生々しい報告を記している。それを現代文にかえて、ここに再録する。

## 第２表◎明治三陸津波と昭和三陸津波の被害状況

| | 明治29年三陸津波 | 昭和8年三陸津波 |
|---|---|---|
| 死亡(人) | 22,366 | 3,022 |
| 負傷者(人) | 5,092 | 1,274 |
| 家屋流失(棟) | 5,729 | 3,984 |
| 全壊(棟) | 824 | 1,199 |
| 半壊(棟) | 815 | 661 |
| 耕地(ヘクタール) | 不明 | 1,153 |
| 交通施設(円) | 不明 | 2,688,720 |
| 農業関係(円) | 不明 | 1,191,913 |
| 林業関係(円) | 不明 | 678,421 |
| 水産関係(円) | 不明 | 9,193,428 |
| その他被害(円) | 不明 | 6,647,600 |

参考引用文献(17)より

## 第３表◎昭和８年三陸津波被害状況

| 町村名 | 気仙郡<br>高田町 | 気仙郡<br>気仙町 | 気仙郡<br>米崎町 | 気仙郡<br>広田町 | 気仙郡<br>小友町 |
|---|---|---|---|---|---|
| 戸数 | 932 | 704 | 449 | 562 | 455 |
| 人口 | 5,108 | 4,472 | 3,002 | 3,896 | 2,785 |
| 死亡・行方不明 | 3 | 32 | 8 | 45 | 18 |
| 家屋・流出倒壊 | 2 | 58 | 19 | 121 | 58 |
| 流出小舟 | 5 | 30 | 36 | 578 | 90 |
| 流出汽船 | — | — | — | 13 | — |
| 耕地・被害(町歩) | 5.0 | 0.9 | 3.8 | 20.3 | 0.7 |

上記の町村は現在いずれも陸前高田市内にある。参考引用文献(16)より

「昭和八年三月三日午前二時三一分、草木も眠る丑《うし》三つどき、天地が砕けるかと思うほどの大激震が起り、日中の労働で疲れて熟睡中の人びとの夢を破り、誰一人として床の中にいる者はなく、戸外に飛び出し、あるいは雨戸を開けて避難の用意をしたが、激震は約三分で止んだ。再び余震があったが微弱なもので、別段のこともなかった。人びとは胸撫でおろして屋内に入り、火を起して暖をとるもの、冷えた体を床の中に横たえるもの、多くは安堵して再び夢路を辿ろうとした。

そのとき、はるか海上あたりに、あるいは森林中に、大風の音を聞くような、あるいは猛獣のほえる音を聞くような、大砲のとどろきの音を聞くような、その響きが遠く山間までこだました。

これと共に急に高潮が来るかと思うと、たちまち引き下げ、三時一五分頃にものすごい急流が音をたてて押し寄せ、これは只事《ただごと》でないとさとり、人びとは津波来襲を叫び、驚鐘を乱打し、雨戸をたたいて呼び起すなど、先の激震の幾倍もの大騒ぎとなった。

陰暦二月七日の月はすでに落ちて、わずかにまたたく星の光、この夜、薄雪さえ降った寒空に右往左往、あるいは幼児を抱え、あるいは老人の手を取り、一物もたずさえず、ただ着のみ着のまま、はだしで馳け出すものあり。その惨状は目も当てられなかった。

一瞬にして三〇〇〇数一〇名の命を奪い、一一〇〇余の住民を傷付け、幾千の住家・船舶を破壊した。

昔語りに絵巻物に身をふるわせた往年の津波が、いまのあたりに襲来したのである」

## （二）東日本大震災の地震

### 東日本大震災における地震は

この度の東日本大震災の地震は「プレート境界型地震」の典型的なものである。二〇一一年三月一一日午後二時四六分、宮城県牡鹿《おじか》半島沖約一三〇キロメートル、深さ二四キロメートルの海底で地震は始まった。潜り込む海のプレート（太平洋プレート）と陸のプレート（北米プレート）の境界部分で、かつてない大規模な破壊が生じ、それは南北約五〇〇キロメートル、岩手県沖から茨城県沖まで、東西は約二〇〇キロメートルという広範囲に及んだ。ずれ幅は観測では最大二四メートル、分析では五五メートルに達すると報告された。

この地震はプレートの破壊が連続して起こったのだろうと推定される。地震対策本部のこれまでの予測では、三陸沖から房総沖までの間、将来地震の発生がありそうな場所を八カ所に分けて、個別にその発生を検討し予測してきた。二カ所までのプレートの連動

第４図◎各プレートの位置関係及び海底地震津波観測網

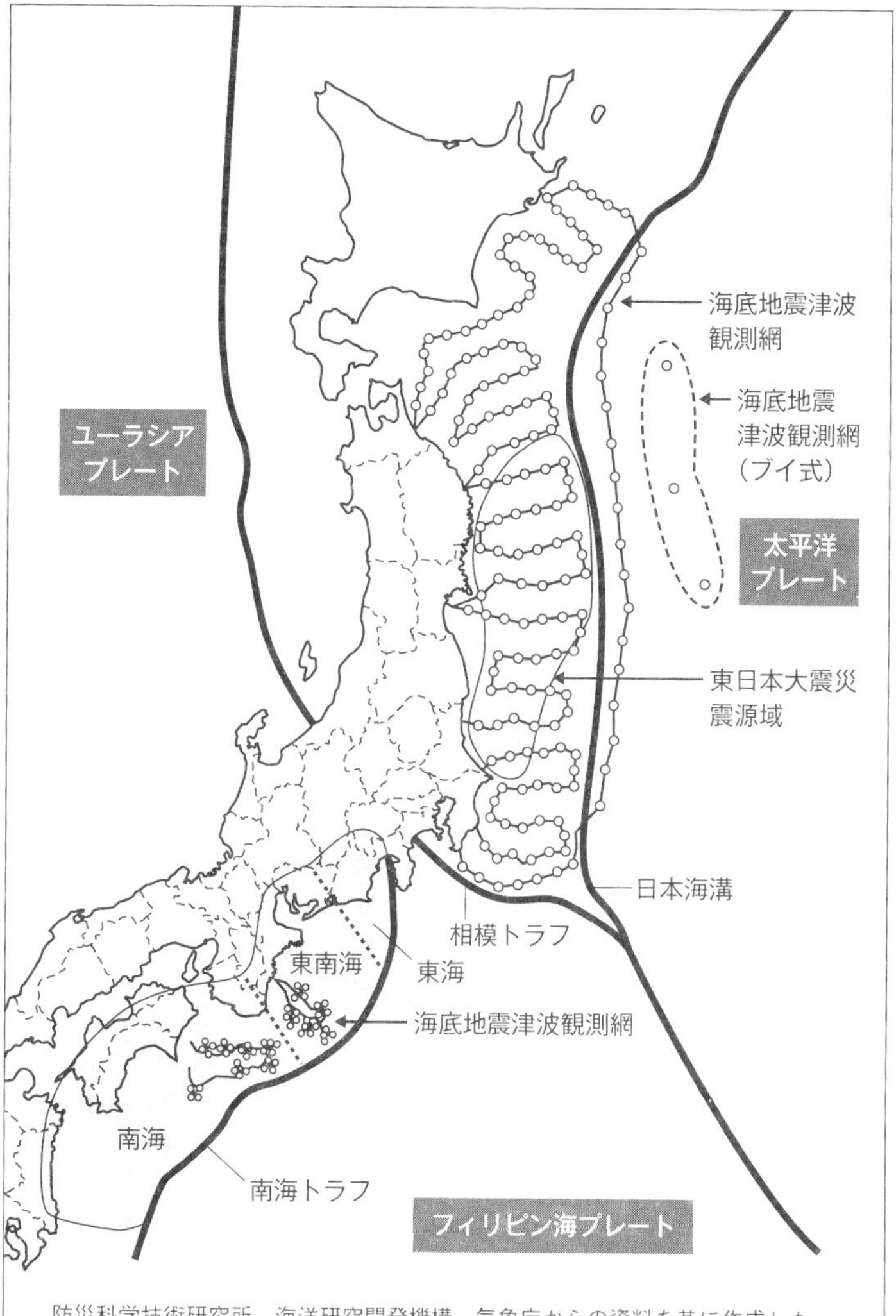


防災科学技術研究所、海洋研究開発機構、気象庁からの資料を基に作成した

的破壊は想定していたが、この度の地震は六カ所が連動して起こったので広範囲となった。ちなみに阪神・淡路大震災は地下の断層破壊は約五〇キロメートルの長さであった。

こんな大地震や大津波は世界的にみて想定外なのだろうか。いや前例はある。地震のエネルギーを示すマグニチュード(M)が8級のものは起りうると地震専門家は想定していたが、この度の地震はその三〇倍のエネルギーに当たるM9・0の巨大地震となった。

M9・0を超す超巨大地震は世界の観測史上でも、カムチャッカ半島沖地震M9・0(一九五二)、チリ地震M9・5(一九六〇)、アラスカ地震M9・2(一九六四)、スマトラ沖地震M9・1(二〇〇二)だけであり、東日本大震災M9・0(二〇一一)は史上五番目の超巨大地震ということになる。

## 地震学者の予想を上回る規模の地震だった

日本の地震学者たちは、三陸沖・宮城沖・福島沖・茨城沖などのどこか一カ所で巨大地震が起こるだろうと考えてきた。

だが、たとえこの度のようにプレートの連続破壊が起こったとしても、それはM8級を超えることはないだろうと予測した。その理由は、わが国では貞観一一年（八六九）の貞観地震以来、一〇〇〇年以上にわたる地震に関する記録や古文書が残っているからである。

これらを検証することによって、将来の地震の規模や形状を類推できる。検証の結果、今後起こりうる地震はいずれもM8級を超えるものでないと想定した。貞観地震も慶長一六年の慶長地震もこの度の地震ほど大規模なものではなかったという。

地震の規模はプレートの歪《ゆが》み部に貯えたエネルギーを小間切れにして放出すれば、大事には至らないが、一気に放散すれば巨大地震を発生する。すなわち、M8級の巨大地震が一回に放出するエネルギーは、M7級の地震なら一〇回分のエネルギーに相当し、M6級の地震なら一〇〇回分に相当すると算出されている。

この度の大震災後数カ月にわたって、大小の余震または誘発地震が頻発した。そのため被災地の住民は心の安まる時がなかった。

余震とは巨大本震によってプレートが弱く不安定になって、本震の震源地付近で起こる地震のことである。誘発地震は本震によって周辺部に歪みがしわ寄せされたり、地震波が到達した影響などで、本震の震源地から離れた場所で起こるものを指すが、広義では誘発地震も余震の一つといえる。

東北地方では明治三陸地震（M8・2、一八九六）の二カ月半後に岩手・秋田の県境で、また約二年後には宮城県沖地震（M7・2）が発生している。この度の大震災の本震後、長野県北部や静岡・伊豆周辺に起った連続地震はプレート境界の歪みが原因の誘発地震であろうとみられている。

さらに、誘発地震は地質の構造が弱い火山周辺部の地震発生にも影響するという。東日本大震災後に地震活動が活発化した地域が多くなったのはそのせいかもしれない。なかでも富士山・箱根山をはじめ、中部山岳及び九州の活火山周辺では、地震が増えたという。したがって、地震とともに火山の噴火も警戒しなければならない。例えば、わが国の地震史上巨大地震の一つとされる宝永地震（M8・4、一七〇七）の四九日後に富士山の大噴火が起こり、関東地方全域に火山灰・砂・礫《れき》などが多量に降下して、莫大《ばくだい》な被害を与えた。またこの地震の三カ月半後には最大余震と津波が発生した。

## 今後も連動型地震発生が心配されているが

今後も東日本大震災のような連動型地震の発生が心配されている所がある。静岡県沖を震源とする「東海地震」、紀伊半島沖の「東南海地震」、四国沖の「南海地震」の三つである。これらは単独でも発生するであろうが、これら三つが連動して巨大地震を発生する可能性も指摘されている。

しかし、これは東日本大震災の地震とは関係なく、誘発地震とはならないだろうと考えられている。それは両者がプレートも、その潜り込む方向も異なっているからである。すなわち、東日本大震災では太平洋プレートが東から西に向って北米プレートの下に潜り込むが、「東海」・「東南海」・「南海」の地震はフィリピン海プレートが南から北に向かってユーラシアプレートの下に潜り込んでいる。

## （三）M9級地震を予測できなかった主な理由

### 大きく四点の要素があげられる

前述でも少し触れたように、M9規模の地震や津波を予測できなかった理由は、いろいろ考えられるであろうが、それらのいくつかを考察してみよう。

（1）地震は地下のプレートや断層がずれ動く現象で、ずれ動く地域（面積）はほぼ決まっていて、その地域内で繰り返し動くものと地震専門家や関係者は考えてきた。その典型的な例として宮城県沖地震をとりあげる。

すなわち、二〇〇五年の地震は一九七八年の震源域内の一部で起こり、他の大部分の地域は変動していない。このように、同じ場所でほぼ同じ規模の地震を繰り返す。二つ三つ程度の震源域が連動することはありうると考えていたが、この度のM9級の地震の震源域は、南北五〇〇キロメートル、東西二〇〇キロメートルで、宮城県沖地震の震源

第5図◎マリアナ型とチリ型

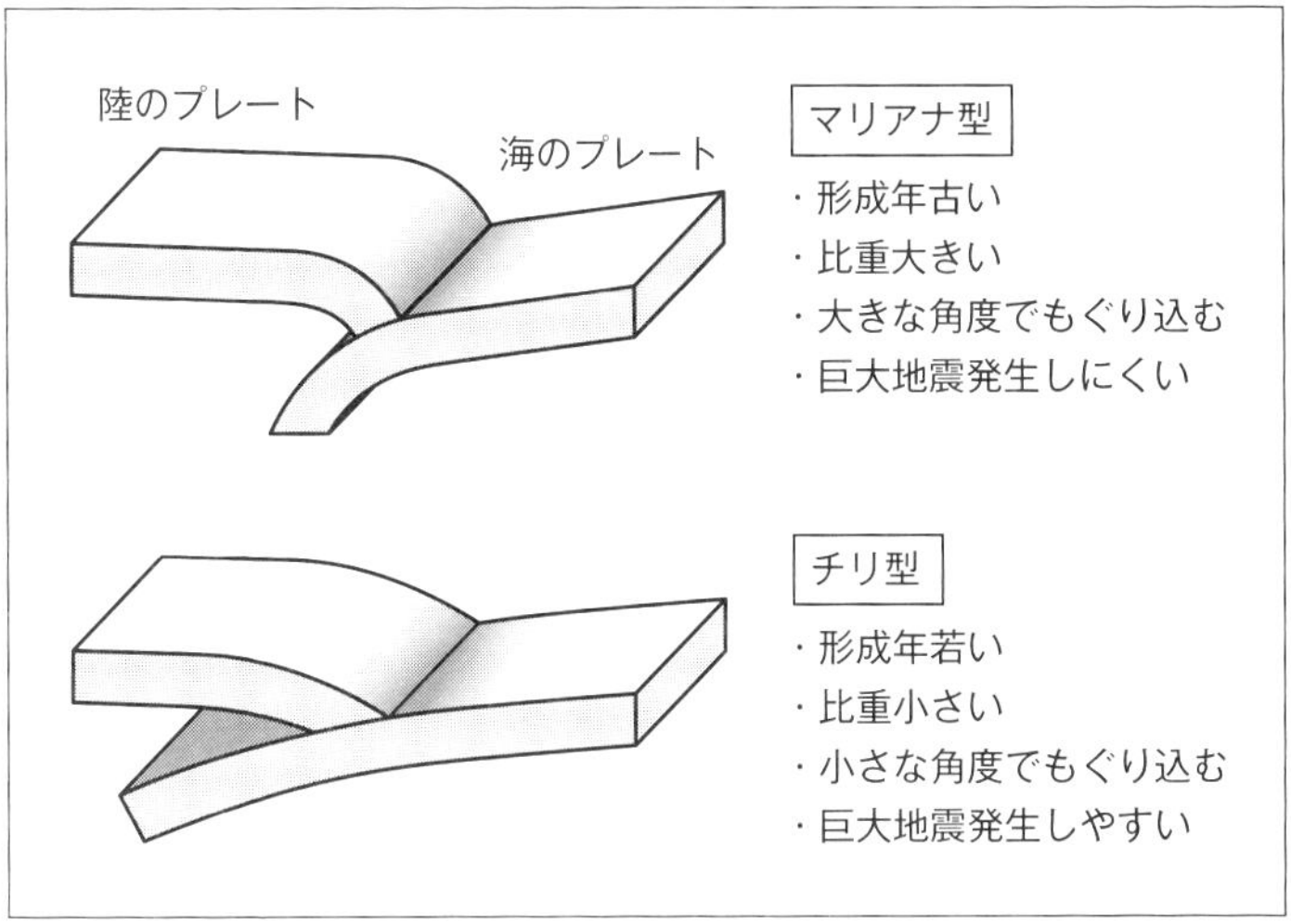


域とは比較にならない広大な震源域であった。「樹を見て森を見ず」の類であろう。

（2）海のプレートが陸のプレートの下に潜り込むとき、二つのタイプが区別される。チリ型とマリアナ型である。プレートは海底で長い年月をかけて形成され、ゆっくり移動している。この過程でプレートは密度を増して重くなっていく。

チリ型は形成の歴史が比較的新しく、密度は小さく軽いプレートが、小さい角度で潜り込む場所である。この時プレート同士の密着度は強く、したがって多量のエネルギーを蓄積している。このプレート境界が破壊されると莫大なエネルギーを放出するから巨大地震を引き起す。しかし、マリアナ型はその歴史が古く、密度の大きな重いプレートが大きな角度で潜り込む場合で、プレート同士の接着度は弱く、貯えのエネルギーも少ないので、巨大地震にはなりにくい（第5図）。

三陸の東方沖にある太平洋プレートと陸のプレートとの境界は、チリ型とマリアナ型の中間タイプとみなされ、超巨大地震発生の可能性は小さいという考えが、地震専門家たちの常識となっていたという。

（3）国土地理院の全地球測位システムによる観測結果を見逃していた。すなわち、海のプレートが潜り込むとき、陸側プレートとの結合が強いため、陸側のプレートを一緒に引きずり込む動きが観察されていた。

宮城県沖地震では両プレート間の強い結合力によって、歪みが大きくなり広範囲に広がっていた。この歪みはM7級の地震を繰り返すだけでは、その一部を解消するだけで、いずれ歪みが完全解消するには超巨大地震が発生するであろうとの指摘があった。

（4）貞観津波（八六九）が運んできた砂を調べたところ、仙台平野の内陸三キロメートルまで津波が来襲したとの証拠がみつかり、巨大地震の可能性が示唆《しさ》された。しかし、堆積物が残っている地域を調査したところ、地震の規模はM8・4と推定して、M9級の地震は想定しなかった。

## 総合的見地からの地震津波対策の必要性

以上個々のすぐれた研究成果にもかかわらず、M9級地震と超巨大津波を予測できなかったことについて、個々の研究の横の連絡と応用の不足が指摘されている。今回の大震災の反省を基盤にし、地震津波の全研究成果を結集して、総合的見地から地震津波対策の検討が望まれる。東日本大震災後それは始まっている。

前述のように、超巨大地震津波を予測できなかったことに対して、日本の地震研究には何が欠けていたのか、将来国民の期待に応えられるのかと、その在り方が厳しく問われている。

しかし、地震学の権威者たちは異口同音に「地震の正確な予測はできない。不確実さを十分承知の上で、予測を防災に役立てる以外に道はない」という。その通りであろうと思う。

文部科学省は「M9級地震が三〇年以内に三〇％の確率で起こる」との予測を発表した（第4表）。一般市民は「M9級東日本大震災があったばかりなのに、また起こるのか」と疑問をもつに違いない。しかし、地震に際して放出されるエネルギーは、同一地震域であっても場所によって同じではない。この度の大震災についていえば、「三陸沖中部から南部」までは蓄積されていたエネルギーのほとんどが放出されたであろうが、この周辺部分、すなわち日本海溝付近と三陸沖北部ではエネルギーはかなり残っていると考えられている。

三陸沖北部についていえば、過去の歴史に於て地震が繰り返した間隔や、前の地震からの経過時間などを資料にして、いつ頃、どの位の大きさの地震が起こりうるかを確率で表わすことができる。確率は地震の起こる可能性の長期的な評価を示す表現法の一つであって、有効ではあるがこれが絶対確実だとはいえないことは、前述した通りである。

## 第4表◎今後30年以内に地震が発生する確率

| 震源域 | マグニチュード (M) | 確率 (%) |
|---|---|---|
| 三陸沖北部～房総沖の日本海溝寄り | 9.3 | 30 |
| 三陸沖北部 | 7.6 | 90 |
| 東日本大震災の再来 | 9.0 | 0 |
| 三陸沖南部海溝寄り | 7.6 | 50 |
| 宮城県沖 | 7.3 | 60 |
| 福島県沖 | 7.4 | 10 |
| 茨城県沖 | 7.2 | 90 |
| 南関東地震 | 7.0 | 70 |
| 東海地震 | 8.0 | 87 |
| 神縄・国府津～松田断層帯 | 7.5 | 16 |
| 糸魚川～静岡構造線断層帯中部 | 8.0 | 14 |
| 東南海地震 | 8.1 | 70 |
| 南海地震 | 8.4 | 60 |
| 上町断層帯 | 7.5 | 3 |

文部科学省の資料(2011年)による

## （四）津波の性質

### 津波発生の原因は

津波発生の主な原因は次の三つである。

（1）海底における大規模な地殻変動
（2）海中火山の爆発
（3）低気圧

一般に右の（1）及び（2）に原因する津波を地震津波といい、低気圧に原因するものを暴風津波という。

わが国の大津波の多くは、日本列島の外側地震帯の海底地殻の変動による。したがって、津波による災害は将来とも反復発生すると予想される。さらにわが国は名だたる台風国であるから、津波災害防止の対策は極めて重要な国家的課題である。

津波は単一波ではなく周期波であって、その周期は十数分から一時間程度である。津波の高さは外洋ではそれほど高くないが、明治二九年の三陸大津波では、その高さの最高は岩手県下綾里村白浜集落（現・大船渡市三陸町）の沿岸で約三〇メートル、次は広田村（現・陸前高田市広田町）の沿岸で二七メートルであった。昭和八年三月三日の三陸大津波では、前記白浜集落で一九メートル、広田村で二三メートルに達したにもかかわらず、海深一〇〇メートルの外洋ではいずれも津波の高さは三〜四メートルに過ぎなかった。

津波のような長波の伝播速度をV、加速度をg（毎秒9・8メートル）、水深をhとすれば理論的に次の式が成り立つ。

$$V=\sqrt{gh}$$

すなわち、津波の伝播速度は水深の平方根に比例して大きくなる。第5表に示したように、周期一五分の波長は水深五〇メートルであればその波長は二〇キロメートル、水深四〇〇〇メートルの外洋であれば、波長は一七八キロメートル、周期六〇分のものは

第５表◎津波の伝播速度と波長

| 水深（メートル） | 伝播速度（秒・メートル） | 波長（キロメートル） | | | |
|---|---|---|---|---|---|
| | | 周期10分 | 周期15分 | 周期30分 | 周期60分 |
| 10 | 10 | 6 | 9 | 18 | 36 |
| 50 | 22 | 13 | 20 | 40 | 80 |
| 100 | 31 | 18 | 28 | 55 | 110 |
| 500 | 70 | 42 | 63 | 126 | 252 |
| 1,000 | 99 | 59 | 89 | 178 | 356 |
| 4,000 | 198 | 119 | 178 | 356 | 712 |
| 8,000 | 280 | 168 | 252 | 504 | 1,008 |

参考引用文献（17）より

四〇〇〇メートルの海深では実に七一二キロメートルという大波長をもつ波となる。

このように津波の波長は非常に大きいから、伝播によるエネルギーの消耗が少なく、それゆえ遠距離まで波動を伝播することができる。

また、波長に比べて波高が非常に小さいので外洋上で津波が通過するのを認め難い。

近年の三陸津波は、日本列島の東方約二〇〇キロメートルの発生地点の四〇〇〇メートルの深海では、非常に大きな波長と、毎秒二〇〇メートルに近い速度で伝播するが、水深が減少するにつれて速度も減じ、波長を短かくして次第に波高くなる。しかし、津波の発達は海岸地形ならびに水深の違いによって大きく変化するので、三陸沿岸のように出入の多い海岸では、場所によって著しい相違が生まれる。

## 湾の地形や位置と津波

海岸の地形や湾の位置と津波との関係を具体的にみると、湾の位置が直接外洋に開く場合はそうでない場合に比べて、湾奥の波高は大きい。湾の方向が波源に向って開口している場合は、そうでない場合に比べて波高は大きく、湾口が波の伝播方向に対してなす角度が大きいほど波高は小さい。湾の形状がV字形の湾奥の波高はU字形の湾に比べて一般的には大きく、湾口が狭く湾内が拡大している場合はU字形の湾に比べて波高は小さい。

海底の状態について見ると、津波は一般の風波と異なって、水の振動が海底にまで達するので、海底に凹凸《でこぼこ》が多く、波の進行に対する障害が多い場合はそうでない場合に比べて湾奥の波高は小さい。

第６図◎チリ地震津波の東北各地の最大波高

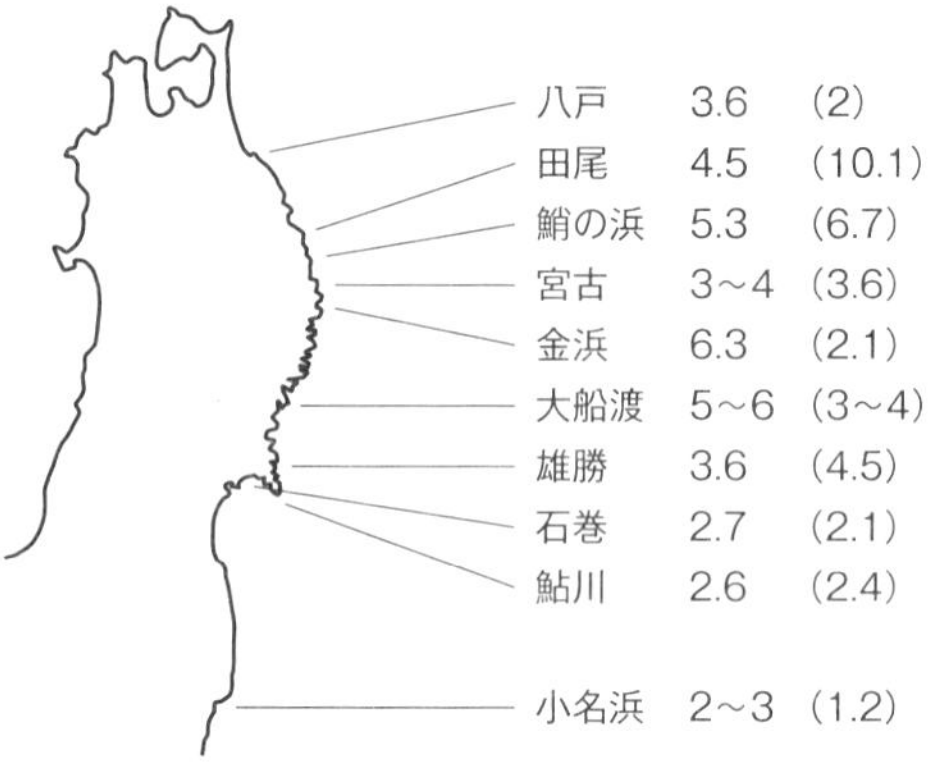

八戸 3.6 (2)
田尾 4.5 (10.1)
鮹の浜 5.3 (6.7)
宮古 3〜4 (3.6)
金浜 6.3 (2.1)
大船渡 5〜6 (3〜4)
雄勝 3.6 (4.5)
石巻 2.7 (2.1)
鮎川 2.6 (2.4)
小名浜 2〜3 (1.2)

単位はｍ。(　)内は昭和８年のもの。仙台管区気象台調
参考引用文献(18)より

湾の側面に凹凸が多い場合は、そうでない場合に比べて津波の勢力減退の効果が大きいことは当然である。

具体的な実例としてチリ地震津波をとりあげよう。

昭和三五年五月二四日午前四時頃から、日本の太平洋沿岸に津波が来襲し、三陸海岸にも大きな被害をもたらした。これは五月二三日午前四時一〇分頃（日本時間）、南米チリ中部沖合（南緯38度、西経73度）で起こった地震によるものである。太平洋のちょうど反対側から約二二時間半かけて日本沿岸に到達した。この地震は世界最大規模（Ｍ９・５）で、日本各地の観測所の地震計でも記録され、長野県松代観測所の推算ではM８・７５であり、昭和八年の三陸沖地震（M８・５）、大正一二年九月一日の関東大震災（M８・２）よりはるかに大きいものであった。

すなわち第一波は三時頃に到達し、最大波は五〜七時頃来襲した。地震が発生してから二二時間三七分後に、最も早く宮古（岩手県）に到達した。震源地と宮古との距離は約一万七〇〇〇キロメートルであるから、津波の平均速度は約毎秒二〇〇メートルである。最大波高は第６図に示した。多くの場所で昭和三陸津波よりも波高く、被害は最大波高の所に集中した。

## （五）東日本大震災における津波被害

### 甚大な被害を振り返ってみると

東日本大震災では、潜り込む海のプレートと一緒に引きずり込まれる陸のプレートの歪《ゆが》みが、両者の境界面の破壊によって、一部は元の位置まで回復するため、プレートは約五メートルも持ち上がったという。このことによって海水面が押し上げられて、巨大津波を発生させた。プレートの破壊は連続的に発生して、南北五〇〇キロメートル、東西二〇〇キロメートルという拡大な地域に及んだから、この超巨大地震による津波もまた想定外の超巨大なものであった。

ちなみに、他の巨大地震を起こした断層の大きさは、関東大震災（M7・9、一九二三）では一〇〇キロメートル×五〇キロメートル、阪神・淡路大震災（M7・3、一九九五）では五〇キロメートル×一〇キロメートルである。東日本大震災の規模がいかに大きかったか理解できるだろう。

気象庁の記録計によると、地震発生の約三〇分後に、岩手県大船渡市の沿岸に高さ八メートル超の津波が到達している。これまでに経験のない未曽有の巨大津波で関係者は仰天したという。明治三陸津波・昭和三陸津波・チリ地震津波など度重なる津波を体験している三陸沿岸の人びとは、ふだんから津波の恐ろしさに対する対策・準備・心構えなど持っていたはずなのに、この度の大震災では計り知れない生命と財産を失ったことは慚愧《ざんき》に堪えない。

東日本大震災一年後の今日の調査では、死者・行方不明者は一万九一三一名の多数を数える。これは地震も津波も想像を絶する巨大なものだったことによるのだろうが、自然の猛威に対して人間はなすすべがない。

## 津波による死者が九割

死者の原因をみると、どの県でも津波による溺死者が全死者の九〇％前後を占める。すなわち、岩手県では死者四六七一人のうち溺死者が四一九七人で約九〇％、宮城県

第６表◎東日本大震災による死者及び行方不明者数

| | 岩手県 | 宮城県 | 福島県 |
|---|---|---|---|
| 全死者（人） | 4,671 | 9,510 | 1,605 |
| 溺死（人） | 4,197<br>（89.85％） | 8,691<br>（91.39％） | 1,420<br>（88.47％） |
| 焼死（人） | 60<br>（2.8％） | 81<br>（0.85％） | 4<br>（0.25％） |
| 圧死その他（人） | 230<br>（4.92％） | 273<br>（2.87％） | 164<br>（10.22％） |
| 不詳（人） | 184<br>（3.94％） | 465<br>（4.89％） | 17<br>（1.06％） |
| 行方不明者（人） | 1,354 | 1,694 | 215 |

2012年2月末現在。警視庁および朝日新聞発表の人数をまとめた表

では九五一〇人のうち八六九一人で約九一％、福島県では一六〇五人のうち溺死者は一四二〇人で約八八％を占めた（第６表）。

Ｍ９規模の超巨大地震であったにもかかわらず家屋の倒壊の下敷きとなって圧死あるいは損傷死した人々はごく少数であって、むしろ意外の感をもつ。すなわち、岩手県では二三〇人で約五％、宮城県では二七三人で約三％、福島県では一六四人で約一〇％であった。

この度の大震災ではどの県でも火災は少なかったので、焼死者はわずかであった。これらの数字は、津波の恐ろしさを如実に示している。

第7表◎東日本大震災による家屋の被害状況

| | 全壊(戸) | 半壊(戸) |
|---|---|---|
| 岩手県 | 20,185 | 4,562 |
| 沿岸12市町村 | 20,054 | 3,375 |
| 内陸市町村 | 131 | 1,187 |
| 宮城県 | 83,932 | 138,721 |
| 沿岸15市町 | 82,606 | 130,595 |
| 内陸市町村 | 1,326 | 8,126 |
| 福島県 | 20,123 | 64,851 |
| 沿岸10市町 | 15,340 | 32,806 |
| 内陸市町村 | 4,783 | 32,045 |

2012年2月末現在。各県警がまとめた数を表にした

この度の大震災で失われたものは、人命と家屋だけではない。三陸は日本有数の魚場であるから、各港湾にあった多数の魚船や汽船が流失した。そのほか長い年月をかけてつくり上げた耕地や交通機関、農業関係、林業関係、水産業関係の施設などは、ほとんど壊滅状態にあって、これら失われた貴重な多くの社会資本は計り知れない。

ちなみに、東京・横浜という大都会での、津波はなかったが、関東大震災（M8・2）時の人命と家屋だけの被害状況を参考まで提示する。

全壊家屋一二万八〇〇〇戸余、半壊家屋一二万六〇〇〇戸余、焼失家屋四四万七〇〇〇戸余、死者九万九〇〇〇人余、行方不明者四万三〇〇〇人余である。この被害の特徴は地震の発生がちょうど昼食の仕度時であったから、各地で火災が発生したことである。そのため東京市の全死者約六万人余のうち、約九〇%が焼死者であり、この関東大震災でも地震による圧死者は約二〇〇〇人で、全死者の三%強であった。

東日本大震災から一年が経過した二〇一二年二月末の時点で、なお東北三県で三〇〇〇人を超す行方不明者があり、さらに、四七八人の遺体の身元不明者があった。遺族の心情を察すると、胸の痛みは強くなるばかりである。

# 第四章　高田松原を復旧させるために

## (一) 海岸林造成の計画及び実行に先だって留意すべきこと

### 海岸林と保安林

これまで本文中に海岸林とか保安林という用語を、特に説明を加えることもなく使用してきたが、ここで手短かに解説しておこう。

海岸林とは特定の定義があるものではなく、便宜的な用語で、「海岸の砂丘に生育する森林」という日常用語である。防砂林・防風林・防潮林なども広く使われる一般用語である。

しかし、保安林は国の法律で定められた定義がある。

すなわち、「保安林とは公共の危害を防止し、福祉増進あるいは産業の利益を保護するという公益上の見地から、森林のもつ機能を活用して、耕地・道路その他の公共施設などを保護するために必要な森林をいう。このような森林は森林法によって保安林と指定し、必要な施業制限を課せられている」

わが国では古来「治山治水は国の基なり」として、山林を大切に保護してきた。とくに徳川時代には留木、留林、御留山、水止山などの名の制度によって、立木の伐採を厳しく制限してきた。

明治政府は山林の行政・管理のため明治四年の官林規則に「水源の山林良材雑木にかかわらず濫伐《らんばつ》すべからず」とあり、同一五年には公益に関係ある民有林の伐採停止のため太政官布達が発布された。これが現在の保安林制度の源となったが、実際に「森林法」が発布され保安林制度ができたのは明治三〇年であった。

この法律の中で初めて「保安林」が登場する。その後数回改正されたが、昭和二六年に全面改正されて、現在に至っている。それによると、保安林はその目的により一七種が指定されている。

海岸にあって保安林として機能するものは、飛砂防備林・防風林・潮害防備林・防霧林・魚つき林・航行目標林、以上六種であって、一般に海岸保安林とよばれる。これらのうち飛砂防備林・防風林・潮害防備林・防霧林の四種は直接海岸の災害防止あるいは軽減を目的とするので、「防災林」または「海岸防災林」とも呼ばれる。

海岸保安林の大半は防災林で、そのうち約九〇％は人工の造林である。所有形態を大まかにみると、三〇％が国有林、七〇％が民有林でその三分の二は私有林、三分の一は公有林である。保安林に指定されると、国有林ではほとんど全部が禁伐または単木択伐という厳しい制限がある。民有林でも禁伐か単木択伐が約五〇％、その他も許可なしには伐採できない。

## 保安林の公益性を再考すべきである

このように、保安林制度では海岸林の公益性からみて、海岸林をできるだけ保安林に編入して、後背地を守るべきであるが、保安林に編入されていない私有海岸林が少なくなく、これらは他の目的に流用されている所も多い。このような所は潮害を受けやすいだけでなく、海水の侵入によって後背地の街、家屋、道路、農地その他、大きな被害を受けている例が少なくない。

こうした海岸の災害の危険性を考え、さらに保安林の公益性を重視して、保安林制度を徹底させなくてはならない。

被災地の各市町村では、各方面にわたり復旧に鋭意奮闘されているが、当面の雑多な対応処置に忙殺され、防潮林復旧という永年継続を必要とする作業にはいまだ着手できない事情にある。

今後この復旧の具体的計画に着手し推進するための参考意見を以下に述べる。

（1）前述したように、防潮林は保安林に編入する。防潮林はその公共性の目的から、これを保安林に編入し伐採その他の施業を厳しく制限する必要がある。それゆえ保安林として完全にその目的を達成するためには、森林法に基づき国が直接これを管理経営することが求められる。

（2）防潮林の効果の万全を期すためには、沿岸全部にわたり、統一ある施業方針に基づき、各県や林野庁などの責任ある機関の下に統括し、業務の徹底実行を図る必要がある。しかし、防潮林は各市町村のために設置するものであるから、これら自治体と十分事前打ち合わせ、合意をうる必要があることは当然である。

（3）防潮林の幅はなるべく大きくすること。理想的には津波が到来する地帯の全域に植栽すべきであるが、一般的には植栽する樹種の樹高の三〜五倍を必要とする。必要な面積を確保できない場合でも、樹木の存在は防潮に有効であるから、少数でも必ず植栽するよう努めること。

（4）海岸の砂地という生育環境の悪い所に植栽するものであるから、この地に適合した樹種でなければならない。東北地方の太平洋沿岸では、北上するにつれてクロマツが次第に減少しアカマツが増加する傾向にあるが、アカマツは海水に弱いから、防潮林はすべてクロマツにするのがよい。明治三陸津波では混生していたアカマツは大方枯死したという前例がある。

（5）河川の両岸にはなるべく奥地まで植栽すること。津波は河川をさかのぼり、両岸から溢れて大きな被害を及ぼすことが多いので、防潮林を住宅地からさらに上流まで両岸に植栽する必要がある。ちなみにこの度の巨大津波では、気仙川の河口から約一〇キロメートル上流まで津波が遡上《そじょう》したという。

（6）防潮林は一斉に密植し、林内を密閉すること。一部でも疎開した部分があると、津波はこの空隙《くうげき》から侵入するので、疎開部をつくらないこと。被害木の伐採や更新のため必要な伐採であっても、皆伐したり一時に林内を疎開しないことに留意する。

（7）防潮林内の落葉、下草、土石などの採取は禁止する。落枝、落葉その他の地被物《ちひぶつ》は大切に保護しなければならない。これら地被物は地力の維持にとっても、稚樹の育成上や林内の密閉にとっても不可欠なものだからである。

## （二）津波に対する海岸林の効果

### 海岸林の持つ津波防御効果

津波に対して海岸林が大きな防御《ぼうぎょ》効果をもつことは、これまでの経験から広く知られていた。

明治二九年の三陸津波では死傷者二万七〇〇〇余人、流失家屋一四〇〇戸余、流失船舶約七〇〇〇隻という未曽有の大災害を受けた。しかし、防潮林の背後地一帯は被害が軽微であったことが証明された。

昭和八年の三陸津波においても、このことを裏付ける実例は枚挙にいとまがない程である。極端な場合では小さな屋敷林、または草木でさえも、防御効果を示す例が少なくなかった。

海岸林が大きな防潮効果を発揮するには、海岸林の構成と津波との間に密接な関係がある。

例えば、

（1）海岸林の立地状況、すなわち港湾入江の形、湾内の海の深さ、湾の入口の方向、海岸線から森林までの距離、海岸林の海抜など。

（2）海岸林の幅と長さ。

（3）海岸林を構成する樹木の大きさ、すなわち、直径・樹高・樹齢・樹種・密度など。

津波の被害と防潮林との関係をさらに一歩進めて考察すると、津波の加害の衝力《しょうりょく》は、砕波《さくは》地点から遠ざかるにつれて減少するが、衝力を受ける側の性質や形状によっても異なる。すなわち、弾性が大きなものは小さいものに比べて衝力は小さく、曲面は平面に比べて小さく、傾斜面は垂直面に比べて小さい。したがって、防潮林の木材は弾性が大きく、幹枝は曲面であるから、防潮林は津波に抵抗してその速度を減少させる。防潮林の幅が十分大きければ、その背後地は被害が軽微で、浸水程度でとどまるか、あるいは防潮林内で津波は力を失って退去することもありうるという。

## 防潮林が果たした津波防止効果の実例

昭和三陸津波とチリ地震津波において、防潮林が実際どんな津波防止効果を示したか、現陸前高田市内のみの実例を示す。

（1）岩手県気仙郡広田村長洞

広田村は小友村（現・陸前高田市）と隣接した土地で、昭和三陸津波では大被害を受けた集落である。そのうちのある民家は前方と左方にスギとアカマツの屋敷林（直径一〇センチメートル高さ六メートル）があったため、家屋の倒壊や流失を免《まぬか》れた。屋敷林のなかった隣家まで全部家屋が流失した。この部落では電柱の頭部と電線に海藻が付着していたので、津波の高さはおよそ八メートルに達したと推定される。

（2）岩手県気仙郡高田町町有海岸林（高田松原）

この海岸林は高田町と気仙町にまたがる幅五〇メートル、長さ約二キロメートルにわたる人工松林である。樹高一〇〜二五メートル、直径一〇〜五〇センチメートル樹齢は種々な集団的な林分である。今回の昭和三陸津波において、この海岸林の前線の津波の高さは約三メートルであった。この海岸林は平常は防風防砂の効果が著しく、背後地の宅地や耕地の被害を防止していた。

この度の津波に際しても顕著な防潮効果を示した。すなわち、この松林中に浩養館という旅館があった。眺望をよくするため前面の松林を幅約二〇メートル伐採除去したので、津波はここから侵入して家屋を流失させ、三名の死者と二名の負傷者を出した。ところが、この旅館から一〇〇メートルほど離れた松林中に県営の松浜荘とその付属の建物があったが、これらは一部の損害を受けたにすぎなかった。津波の侵入後を調べたところ、この海岸林の下層の草木は大方疎開してあって、津波に対する防潮性は薄弱であったにもかかわらず、林内は実害のないことが証明された。

（3）岩手県気仙郡米崎村

高田町の東側に隣接した米崎村の一部では、海岸林の幅が狭いため、昭和三陸津波では津波は住宅地域に侵入した。しかし、この集落の多くの住宅では周囲に高さ一・五メー

第7図◎チリ地震津波による高田市の被害状況

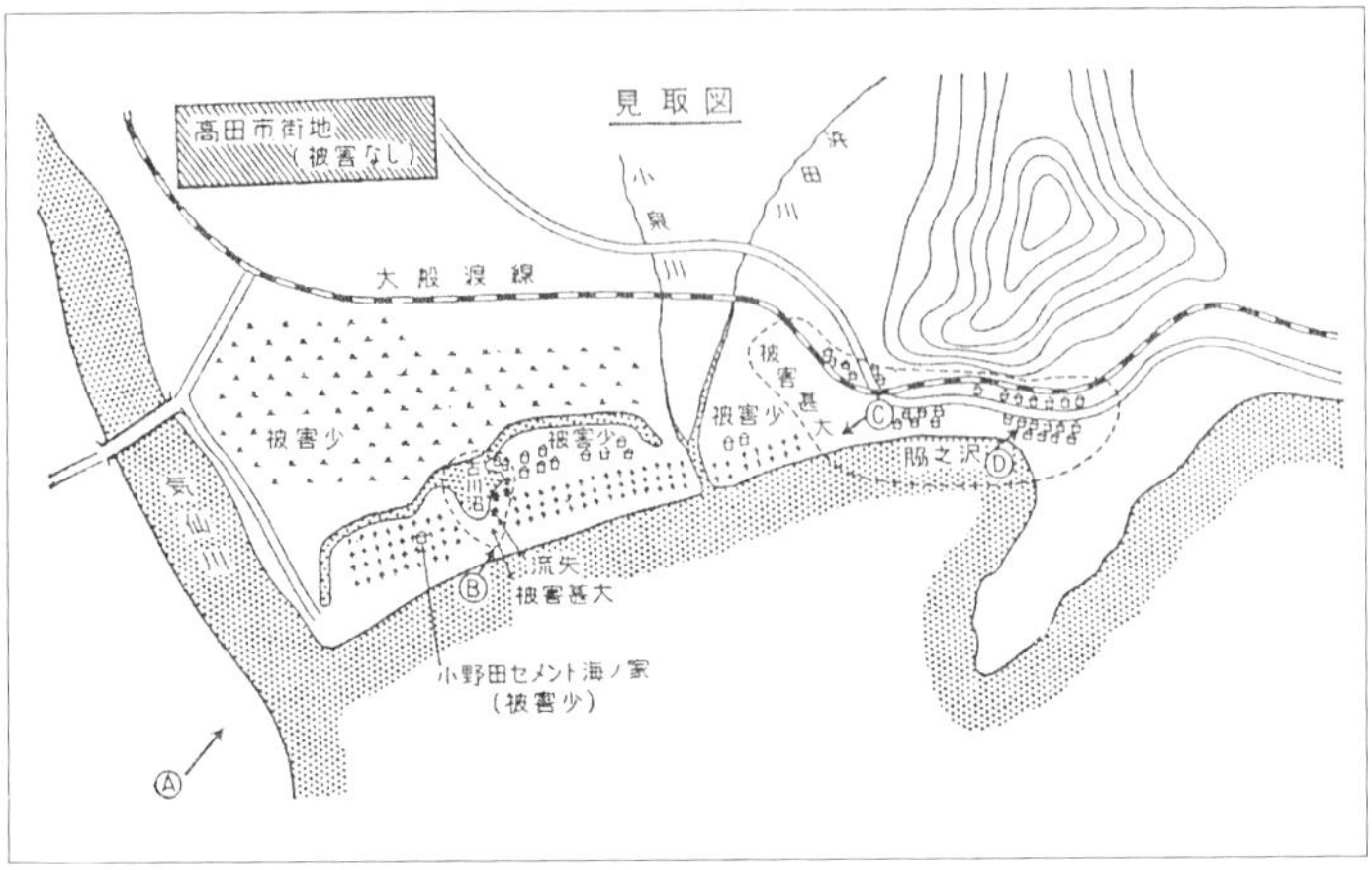


参考引用文献(11)より

トルの土堤《どてい》をめぐらし、その上にマサキなどを植えた生垣を造成していたので、大きな実害は少なかった。

（4）昭和三五年五月二四日のチリ地震津波は、三陸地方に昭和三陸津波以来の大災害をもたらした。このときも各地の海岸林の津波防御効果は顕著であった。陸前高田市では高田松原（当時樹高一〇～二〇メートル、樹齢前線一〇年、後方一〇〇～二〇〇年）の林帯があったので、水田・市街地・鉄道などが保護され、被害は最小限に止められた。しかし、松原の切れ目部分から侵入した津波により、古川沼周辺部と、防潮林のなかった米崎町脇の沢地区などは甚大な被害を受けた（第7図）。

## 海岸林の防潮林以外の役割

海岸林は防潮林としてだけでなく、その他の機能や特性を発揮するので、それらを以下に列記する。

（1）海岸林は海風中の塩分を捕促する効果がある。海風の塩分は風速が増すほど含有量も大きくなる。塩分を含んだ風が防潮林を通過するとき、樹冠にさえぎられて塩分がこれに付着するか、あるいは落下して、その濃度は薄められる。そのため農作物に対する塩害防止効果が大きくなる。

（2）防潮林がいったん造成されると、その後は防風林としての機能も発揮し、農作物などを保護する。さらに防砂林としても砂の移動を防ぎ、住宅・田畑・道路・河川などを飛砂から守ってくれる。

（3）成長した防潮林はとくに松林は、風致林《ふうちりん》として景勝地を創造し、健康保養林としての機能をもつことになる。

（4）防潮林はやがて魚を招集する魚つき林としても機能する。
（5）成長した防潮林の更新材や間伐材を利用して建築材あるいは薪炭材として、住民の生活に寄与できる。
（6）防潮林の造成は、他の防潮施設、たとえば、防潮堤や防波堤に比べてその工事費用は著しく廉価《れんか》で完成できる。しかし、防潮林は一朝一夕にはできない。目前の小利を捨てて国家百年の大計を忘れてはならない。

最後に、海岸林のうち疎林・個立林・幼齢林などは、巨大な津波の力によって家屋と同様に倒壊・転倒・挫折などした例は少なくない。

これらを見て防潮林の津波に対する効果を過小に評価する人があるかもしれない。これは物事の相対的関係を考慮しない観察である。

また、大津波によって防潮林が流木と化し、これが二次災害を引き起こす原因となった例を見て、防潮林の復旧を疑問視する人があるかもしれない。これは目前の体験から学んで、歴史的体験を無視した人の考えといえよう。

前述したように、津波の大きさや力は、港湾の形や地形、海の深さ、その他種々の要素によって各地で異なるから、これらの諸要素を考慮した上で造林すれば、想定外の超巨大津波を除けば、海岸林は防潮効果を上げて、住民の生命・財産・田畑を守り、公共財の損害も最小限にくい止めてくれることは確実である。

## (三) 津波災害を予防するために

### 津波災害を予防するために

わが国では古くから津波の予防法は経験的にいろいろ実行されてきた。

本書では「三陸地方防潮林造成調査報告書(昭和九年農林省山林局)」を参考にし、さらに東日本大震災前後の新しい科学技術情報を基にした方法なども含めて、以下、(1)から(7)まで、津波災害の予防法について考えてみる。

### 避難と防潮堤

(1) 高台地への避難

津波の災害を予防するには、高台地へ一時避難するのが最良の策であり、以前からとられてきた方法である。漁業・海運業その他関連事業などの事務所や倉庫などは海岸にある必要があるだろうが、住宅・学校・役場などの公共施設などは高台地に移転すべきである。

三陸沿岸の各市町村の多くは、丘陵や山地に囲まれているので、全住民の協調的意向や地主との交渉を通して、移転地の入手は不可能ではないだろう。

漁業・海運業・関連事業は共同して堅固なビルを海岸に建築し　高台地の住宅との間には津波の進路を考慮した道路を設ける。旧船越村山の内（現・山田町）はこの好例である。海岸の共同利用ビルは住民の津波避難ビルを兼ねたもので、鉄筋コンクリートの四階以上、可能ならば六階建て一八メートル以上のものを建築する。この度の東日本大震災では、南三陸町の町が建築した四階建ての津波避難ビルで、屋上に逃げた人びとは助かったという。

外洋に向いたV字型及びU字型湾は勿論のこと、大湾の内にあるV字型湾であっても、津波を正面で防ぐことは不可能であるから、津波の進路の側面にある高台地に避難することが肝要である。

鉄道・駅舎・道路なども新設または改修するときには、高台地を利用することが推奨される。

## （2）防潮堤を造る

防潮堤は海中に設けるものと、陸上に造るものがある。防波堤は風波を凌《しの》ぐためのものので、大中クラスの津波に対してはその効果は期待できない。津波に対して有効な防潮堤を造るには、その高さや幅をさらに拡大しなければならず、莫大な費用を必要とする。

これまで三陸沿岸にあった防潮堤は、明治三陸津波・昭和三陸津波およびチリ地震津波の規模と影響を参考にして設計し、各地に造られた。防潮堤の高さは最高一三メートルにも達し、国も専門家たちも津波がこの高さを越えることはないだろうと考えてきた。ところが、東日本大震災時の巨大津波は、各地の防潮堤を楽々と乗り越えて、さらにある所では、これら防潮堤の一部または全部を破壊してしまった。東北三県の防潮堤の総延長三〇〇キロメートルのうち六〇％強に当たる約一九〇キロメートルが全半壊した。

たとえば岩手県釜石港では湾の入口を八の字型に覆って全長一九六〇メートルの津波防波堤があり、さらに海岸には高さ四メートルの防潮堤を造り、二段構えで市街地を守っていた。この巨大な津波防波堤は深さ六三メートルの海底に小山ほどもある大きなコンクリート塊（ケーソン）を沈め、その上に厚さ二〇メートル・海上に高さ六メートルの防

## 第８図◎東北３県の防潮堤の高さ

| 場所 | 震災前(m) | 震災後(m) |
|---|---|---|
| ❶ 野田湾 | 12.0 | 14.0 |
| ❷ 田老海岸 | 10.0 ～ 13.7 | 14.7 |
| ❸ 大槌湾 | 6.4 | 14.5 |
| ❹ 陸前高田海岸 | 5.0 ～ 5.5 | 12.5 |
| ❺ 志津川湾 | 3.6 ～ 5.1 | 8.7 |
| ❻ 石巻海岸 | 4.5 ～ 6.2 | 7.2 |
| ❼ 仙台湾南部海岸 | 5.2 ～ 7.2 | 7.2 |
| ❽ 新地～大熊海岸 | 6.2 | 7.2 |
| ❾ 富岡～広野海岸 | 6.2 | 8.7 |
| ❿ 久之浜～勿来海岸 | 6.2 | 7.2 |

波堤がそびえていた。この高さは明治三陸津波の高さ（五〜六メートル）を参考にして設計したもので、総工費約一二〇〇億円、約三〇年かけて、二〇〇八年に完成したばかりであった。この津波防波堤は東日本大震災で土台から崩壊した。そのため津波は海岸防潮堤まで押し寄せてその一部を倒壊させた。

岩手県久慈港でも津波防波堤を整備中である。高さ七・五メートルの津波を想定し、釜石港と同じ耐震基準で、長さはその約二倍の三八〇〇メートルという大計画である。二〇二八年に完成予定である。しかし、この度の大震災を受けて、防波堤の高さをどう設定してよいか、まだ結論は得られていないという。

## 防潮堤をめぐっての課題

東北三県ではこの度の大震災によって、既存の防潮堤の改修・かさ上げ・あるいは新設などの構想や設計が提出されている。しかし、新設のところでは土地の確保が困難になっている。それは地盤沈下や地殻変動で土地の確定が困難になったり、地権者が行方不明であったり、その他いろいろな原因で用地の取得は容易ではない。既存の多くの防潮堤はかさ上げを計画しているが、これには住民の合意が必要である。

賛否両論がある。生活安全を第一とする立場から、これを容認する人々がある一方で、防潮堤のかさ上げは「景観を害する」「海が見えなくなる」「高い防潮堤で囲まれた牢屋《ろうや》のような所には住めない」「巨大な水門や防潮堤で山地や湿地を海から分断すると、豊かな海は失われる」などというそれぞれの立場の意見や体験をもとに、反対する人々が少くない。

国・県・自治体では防潮堤のかさ上げを提案して、住民の合意をとり付けようとしている。たとえば、壊滅的な被害を受けた宮城県名取市閖上《ゆりあげ》海岸に、国土交通省は長さ約三〇キロメートル、高さ七・二メートルの防潮堤を造る計画である。岩手県大槌町では県が震災前の六・四メートルから八メートルかさ上げして、一四・五メートルに、また同県陸前高田市では既存の防潮堤はほぼ全壊したが、震災前の五メートルから一二・五メートルにかさ上げした防潮堤を建造する計画である（第8図）。

この度の大震災を体験した人々は、いかに高い防潮堤を造っても、巨大な自然の力は防ぎきれないことを覚った。そのため被災地では高い防潮堤によって海と隔離することに反対する意見が強い。しかし、長い津波の歴史を振り返るとき、この度のような巨大津波は極めて稀で、大中小クラスの津波はこれまで数えきれないほど押し寄せたが、それらの大部分は防潮林や防潮堤の存在によって、被害は軽微にくい止めてきたという歴史がある。この歴史を考えればまずは失われた防潮堤の復旧を急がねばならない。

かさ上げした防潮堤を造るか否かには、そこに住む人々の声を反映させねばならない。被災地の復興は防潮堤だけではない。

前述した釜石市の防波堤のように、これの完成には莫大な費用と長い年月を必要とする。防潮堤、防波堤はかさ上げして高くすれば安全であり、最善の策であるとは限らないことも考慮する必要がある。

## その他の予防策

（3）防潮林を造成する

防潮林が津波の勢力を減殺する効果があることは前節で詳述したので参考にされたい。

海岸が広い平地であれば、海浜一帯に防潮林を造成することが推奨される。陸前高田市の松原はこの好例である。防潮林と防潮堤をワンセットにして造成すると、津波対策として一層有効である。防潮林の造成については次章で詳述する。

（4）護岸を設ける

中小程度の津波に対しては護岸を設けてこれを阻止できる。

（5）防潮地区を設ける

大湾内にあるV字型またはU字型の海浜で中小級の津波が侵入する可能性ある所では、防潮地区を設け、区内に耐潮建築を造る。第一線には基礎土台が堅牢な四階建以上の鉄筋コンクリート造りの耐潮ビルを配置する。海岸に面したビルの壁や窓の構造はより強固な造りにすればさらに効果的である。

（6）緩衝地区を設ける

津波の侵入を阻止すれば、増水して隣接地に流れ込み、氾濫を引き起こす。そこで川の流路、谷、窪地、あるいは低地を犠牲にして、これらを緩衝地区とする。これによって隣接地区の潮害を軽減させることができる。

また投錨《とうびょう》した船舶が流入する津波によって緩衝地区に運ばれてくれば、船舶の被害も軽減される。緩衝地区には住宅・学校・役場などを建設しないこと。また、鉄道・駅舎・幹線道路なども乗り入れないこと。

（7）高精度な津波警報とその順守

津波が海岸に到達するまでに、三陸沿岸では通常二〇～四〇分かかる。その間に副現象を観察して、津波の来襲を察知できる。

副現象の例として、
①津波の原因である大規模な地震を伴う場合が多い。
②地震と津波はほぼ同時に発生するが、海岸に到達するまでに地震は三〇秒ほど要するが、津波は二〇～四〇分かかる。
③雷鳴または大砲のような音を一～二回聞くことがある。地震発生後五～一〇数分後に聞くのが通例である。
④三陸沿岸の津波は引き潮をもって始まるのが普通であるが、そうでない場合もある。

海水は一進一退を繰り返し、多くの場合は第一波が最大であるが、第二波あるいは第三波が最大のこともある。

## 地震津波情報と各種防災対策

津波は以上のような副現象を伴って来襲するが、近年では地震津波の情報はその都度《つど》迅速に気象庁から発表され、その情報を各自治体が住民に報道するシステムが完備している。精度の高い地震津波の情報を正確迅速に報道し、住民はこれを順守することが大切である。

しかし、この度の東日本大震災では、実際の津波の高さよりかなり低い津波警報が発表されたため、住民は避難が遅れて大きな犠牲を払うことになった。

この反省から国は北海道沖から千葉県沖まで五一〇〇キロメートルの海底の一五四地点に地震計と津波計を数珠つなぎに設置するとともに、日本海溝外側の海底にも三カ所ブイ式海底津波計の設置を発表した。

（8）避難道路を造る

今回の津波来襲範囲を念頭におき、安全な高台地へ避難する道路づくりはどの市町村でも不可欠である。避難道路を造るに当たって、海岸線から直角方向に町を縦断する道路は避け、海岸線と平行する道路を多く造る。津波は道路を暴走するからである。すなわち、津波の直進方向の左右にある高台地にいち早く避難することである。

また、交通上不便であっても十字路は少なくして、T字型道路とする。この道路を利用して避難する人数や自動車台数などもあらかじめ考慮に入れて、道路幅や駐車場などを設計確保することは当然である。

（9）記念事業の実行

津波災害を予防する上で、最も重大なことは、時の経過とともに、天災の恐しさに対する警戒心が緩《ゆる》むことである。明治三陸津波の直後、安全な高台地に移転した村落は多数あったが、時の流れに伴い、元の居住地に復帰したため、昭和三陸津波に遭って犠牲になった人々は少なくない。

すべからく津波予防の初心を忘れてはならない。そのためにも、未曽有の東日本大震災の記念日を設定したり、記念碑を建立して住民の天災に対する心の弛緩《しかん》を正し、風化しようとする津波災害の恐しさ、悲しさ、苦しさなどを想い起こして、行政も住民も津波対策を堅持してゆかねばならない。

この意味において、高田松原に一本残った松の木は、この度の津波災害の最も表徴的な記念物である。観光バスで大勢の人々が見学に来る名物ともなった。この松に防腐剤や樹脂を注入して長く保存することは、記念物として人々に思いを新たにさせるので特に有意義である。

記念事業の一環として、ナショナル・メモリアル・パーク（国立大震災記念公園）構想があるという。これは国から出された構想で、災害の大きかった東北三県に各々一カ所設置したい意向のようである。岩手県では陸前高田市が候補地にあがっている。現在これに対する市民の理解と合意を得られるよう努力しているところである。

したがって、市内の設置場所、公園の内容などは不明であり、設計にも着手されていない。市の行政当局によれば、もし正式に設置が決定されれば、その設置場所は高田松原の跡地になるだろうとのことであった。

大震災から1年後の一本松（2012年3月12日撮影　陸前高田災害FMブログより）

記念公園の設置は有意義な構想であるが、設置場所とその構成は、この度の大震災の教訓を十二分に取り入れて、公園施設の理念が生かされ実現できるものでなければならない。そのためにも、市民・行政当局・専門家らが一体となって、防災対策の点も考慮しつつ、検当を重ねて決定しなければならない。

第五章

# 新高田松原の造成

## （一）新高田松原造成計画の大要

### 貴重な先達の教え

津波と海岸林との不可分な関係は、本多静六博士が以前から提唱していた問題である。明治二九年の三陸津波に際して、本多博士はいち早く現地に入り、営林署職員らと共に三陸沿岸南北約一〇〇里にわたって、津波被害と海岸林との関係を調査研究した。その結果「津波防備保安林」の必要性に到達し、この主張は新聞雑誌等に発表したほか、彼の主著である『本多造林学本論』のなかにも収められた。

また昭和八年の三陸津波に際しても早速同様な言動をして、海岸林の防潮効果について広く世間に報道した。

津波防備保安林の造成について、本多博士は「森林の幅は一〇間ないし五〇間、なるべく三〇間以上とする。植栽する樹種はクロマツを主として、この下にビヤクシン・ムロ・イボタ・ツバキ・ヒサカキ・タブ・マサキ・サンゴジュ・イヌマキなど、海岸に適した雑木や低木を繁茂させ、下草や落葉の集採を制限して地力を増加させ、もって森林を密に繁茂させるよう努めること」と述べている。

また小林栄氏は「海岸林の幅員を大きくして、クロマツ・マキ等の林を成立させ、その下方にハマゴウ・グミ・ハマナス・フデクサなどの低木や草類を植付けて、二段林または三段林を完成させれば津波の難は十分防止できる」と述べている。

昭和三陸津波の災害地を調査し、各市町村集落ごとに地形・来襲した津波の大きさ、海岸林の効果などを調査し考察したところ、海岸線に沿って各地とも相当幅の防潮林を造成する必要があることが明らかになった。

## 高田松原の地形的特徴と課題

前述したように、高田松原の砂浜は気仙川と浜田川が上流から運んできた砂と、唐桑半島および広田半島の崩《ほう》が海水で浸食された砂とが海岸流によって岸辺に打ち上げられてできたものである。この度の大震災後、地形が大きく変動していなければ、数百年後あるいはそれ以上たてば、再び砂浜が自然構築されるであろうが、それまで待つ余裕はない。

東日本大震災で高田松原周辺部は平均七〇センチメートル地盤が沈下しているので、旧松原林内の大部分は海面と同レベルか、あるいは海面下にある。以前から旧松原内は海水の水位が高かったので、松の根は地中深く十分に伸長できなかったといわれる。このこともこの度の大津波で松林が全滅した理由の一つと考えられる。

高田松原をどの場所に復旧させるかは、住民の意見や陸前高田市当局の結論を待たねばならない。

旧松原跡地を将来何に使用するとしても、まずは松原跡地を旧態以上のレベルまで土盛りする必要がある。もし旧松原跡地に新松原を復旧させるとしても、土盛りすることが前提である。しかし、土盛りするための盛土をどのように調達するかが問題になるだろう。野田首相（当時）は、「青森県から千葉県までの沿岸一四〇キロメートルに防災林を造成する。そのためにがれきを利用する」と発言している。政府ではがれきの受け入れの協力と、その利用を呼びかけている。

しかし、災害地の現場ではがれきの問題はそんなに簡単な話ではないという。ガラス・プラスチック・木片などが混ざりあったがれきを分別した上で埋めたてるのか、それとも災害地の現場ではがれきの分別基準を緩和するのか。

陸前高田市では約一五〇万トンを越えるがれきがあって、現在でも市内各所に山積みの状態であるが、それらは見たところ大方分別されていた。しかし、がれきを埋め立てに使うことに市民感情として抵抗があるという。これらがれきといってももともと自分たちの財産であったものであるから……と、割り切れない感情があるという。

陸前高田市当局の話によると、沿岸に一二・五メートルの防潮堤を新設する計画が決まったという。この防潮堤の内陸側に高さ一五メートルの丘を造り、その上に防潮林を植栽する構想がある。防潮堤と防潮林の二段構えの防潮策はすぐれた構想である。これだけ土盛りした上に植栽した防災林は立派に成長して目的を果たしてくれるだろうと確信する。

ただ一つ心配なことは、メモリアル・パークの設置場所と防潮林との関係である。もしも、防潮林のなかにメモリアル・パークを造るとか、あるいは防潮林そのものをメモリアル・パークとして使用するようであれば、せっかく防潮林を造成してもその機能を発揮することなく終わるだろう。旧高田松原は近年海岸防備林としてよりも都市公園あるいは保健休養林としての機能が重視され、これらの目的に沿って利用してきたように思われる。

例えば旧松原の中には松林を伐採して造った野球場やサッカー場などの施設がある。これらの場所から津波は容易に市街地に侵入することになる。

したがって新高田松原の造成に当たっては、松林の本来の目的である防風・防砂・防潮の機能を十分発揮して市街地を守れるように、下草や低木が繁茂した松林にする。そのためには防潮林とメモリアル・パークとは一線を画することが是非必要である。そして、それぞれの目的と機能を達成するよう、計画には衆知を集め、後顧《こうこ》の憂いがないよう万全の策が期待される。

## 百年の大計としての高田松原の復旧を

高田松原の復旧は百年の大計である。

しっかりした将来構想の基に着工しなければならない。敷地の土盛り・排水を終えて確保するには多大の経費と時間を必要とする。

土地の整備が完了したら、次は植栽するクロマツの苗木の入手である。菅野杢之助の時代のように山から掘り出してくるというわけにはいかない。実生《みしょう》から育てるには時間がかかる。接木には時間がかかるだけでなく、一時に多数の苗木を入手することは困難である。そこで、全国からクロマツの苗木三〜五年生のものを献木してもらうのが最も望ましい方法であろう。すでに陸前高田市当局には苗木の献木の申し出があるという。

全国からの献木で造成した森林の実例がある。それは東京の明治神宮の森である。これを造林するには全国から各種の樹木約一一万本を献木していただいた。これらを植栽して今年で九〇年を経過する。現在ではあたかも自然林であるかの如く成長して、近い将来常緑広葉樹は極相《きょくそう》に到達するほどである。

今や日本国民あげて東日本大震災の復興を援助しようとする気持があふれている。全国に向かってクロマツ苗木の献木をお願いしたら、必ずや各地の苗木生産業者や組合から献木の申し出があるに相違ないだろう。

## （二）造林の方法・育成・更新その他

### 効果的な防潮林とするために

防潮林を造成する樹種として有用なものはクロマツであり、その下床にビヤクシン・マサキなどの低木を植えて複層の密林とする。宮古町附近ではアカマツも良好に生育しているようであり、高田松原でも同様であったが、海水に対する耐久性からみて、防潮林は原則としてクロマツを植栽する。

ちなみに海水に対する樹種の抵抗性を調査した結果、ビヤクシン・ネズミサシ・クロマツなどは強く、スギ・ヒノキなどがこれに次ぎ、アカマツは最も弱かった。広葉樹は一般に海水に強く、特に生垣用ツバキ・タマツバキは強く、竹類はいずれも弱かった。旧高田営林署の苗圃《びょうほ》における海水に対する各樹種の被害調査を第8表に示した。

防潮林の機能を十分発揮させるために、一ヘクタール当り六七五〇本のクロマツを植

## 第8表◎高田苗圃における海水による被害調査

| 樹種 | スギ | アカマツ | | ヒノキ |
|---|---|---|---|---|
| 床替年齢 | 1回<br>2年生 | 1回<br>2年生 | 1年生 | 1回<br>2年生 |
| 被害本数 | 30,000 | 14,400 | 150,600 | 5,000 |
| 生育本数 | 25,000 | 6,000 | 7,500 | 4,000 |
| 枯損本数 | 5,000 | 8,400 | 143,100 | 1,000 |
| 枯損% | 17 | 58 | 95 | 20 |

参考引用文献(16)より

栽することを標準とする。

　植栽する土地が海岸砂地の場合には、地拵《じごしら》えには相当考慮し工夫しなければならない。菅野杢之助がやったように、海風が激しい場合では、立藁《たちわら》による衡立工法を採用し、さらに埋藁《うめわら》をも併用すればとくに有効である。このようにすれば地表の雑草や低木類が発育する。

　またクロマツの植栽一～二年前あるいは同時にグミ・ネムノキなどを混植すればクロマツ植栽のよい成果が期待できる。なお成林した後では次第に地味が肥えて改善され、一層広葉樹低木類が侵入してくることは間違いない。これら侵入樹種に対しても、十分それらの成長に配慮して、林内を密に保つことが必要である。

## 植栽後の手入れが肝要

防潮林も一般造林と同じように植栽後の手入れが必要であり、つる切りや除伐などを実施するのは勿論であるが、成林状況を詳細に観察し、適切な方法を講じ、常にうっ閉状態を疎開しないよう留意しなければならない。

具体的には丈夫な個体から成る林にするため、間伐によって樹木の生育に適した本数にする必要がある。間伐は急激に一度に多数の樹を切ると、林の抵抗力が減少するから、少しずつ幾度も実施することが大切である。間伐によって林床に光が入るので、下草や低木の生育を促進させ、林全体の安定化にも効果がある。

間伐によってどの程度の本数（密度）にするかはその地域の特性や環境に応じて決めるべきであるが、ある林学者は一つの私案として次のように示している。クロマツの場合、樹高四・六・八メートルの樹木ではそれぞれ一ヘクタール当たり五〇〇〇本・三〇〇〇本・一五〇〇〜一七〇〇本の密度を目安としたいという。

実際には海岸林の造成は地域特性・環境・経済性・緊急性などを勘案《かんあん》して、それぞれ独自の方法を追求しなければならない。

樹種の特性と防潮林としての機能を発揮させるためには、成林後の更新が必要である。天然更新によるのが望ましく有利である。そして将来は二段林や三段林などの複層林へ誘導していくのが合理的で適切な方法である。このために更新伐には最大の考慮を払い、特定な期間を指定することである。

部分的に必要に応じて間伐してもよく、海岸線に平行の列状に、あるいは小塊状に伐採することも可能である。しかしこれらの伐採は津波来襲の周期の前後数年間は避けて行う。いかなる伐採でも皆伐は厳禁とすることは勿論である。

防潮林の更新は保安的目的を第一に考えて行うべきである。良好な状態の樹木を密生させて、複層林を形成させることが絶体必要である。目的に合致しない不良な樹木は第一番に伐採して、防潮林としての形質向上に留意しなければならない。成林後自然に侵入したクリ・ナラなどの有用な広葉樹は更新上重要であるから、これらを保護育成させる。またその他の低木類も地力の強化に有効であるから、それらの扱いについても十分考慮する必要がある。

## 造林における注意事項

そのほか造林に際して留意すべきことを以下に列記する。

防潮林の保護管理のため必要な道路を造る時、海岸線と直角の方向に設定することは避け、S字型あるいは海岸線と平行に設置する。

将来防潮林の一部を他の目的のために使用または貸付けるようなことは、本来の目的を忘れた行為で、多大の障害を発生させる恐れがある。これは厳禁しなければならない。

また、落葉落枝の採集についても厳しく制限する必要がある。

いろいろな理由で疎開地が生じたとき、これは防潮効果を著しく減ずるので、直ちにこれの回復を講ずること。

海岸付近の住宅にはその周囲に相当幅の屋敷林を造成し、平時には防風林として、津波時には防潮林として機能させることは効果的である。

河川の両側には適当な樹種を植栽し、ふだんは景観と保健衛生に役立てることは有効である。

## （三） 新高田松原をどう位置づけるか

### 今回の大震災からの反省に基づく高田松原の再生

旧高田松原は防風・防潮を目的として造成されたが、時代の経過とともに都市公園として、あるいは健康保養林として、さらには景勝地としての機能を兼備することになり、高田松原は初期の目的や機能を逸脱した存在になった。

天災のない平和な時であれば、多機能を兼備した高田松原は、かえって市民にとって便利で有用な存在であったかもしれないが、この度の大震災のような非常事態に遭遇してみると、防潮を目的とした松原のさらなる防備に力を注がなかったことが悔やまれるに違いない。前述したように、新高田松原は防風・防砂・防潮を目的とした防災林に限定し、この機能を持続的に発揮するよう住民はこの海岸林を永く保持するため力を入れなければならない。

第二次世界大戦後、わが国は科学技術の発展に裏打ちされた経済成長によって、日本国民には生活上の余暇が生まれた。この余暇を上手に消費するための方便が多種多様に発達した。高田松原もこの余暇の有効利用のために使われることになり、すなわち都市公園・保健休養・景観・教養・スポーツ等々のため利用されることになった。この傾向は高田松原に限らず全国的なもので時代の流れであったから、陸前高田市民だけがこの流れを拒否することは困難であった。

国内の他の白砂青松地も大同小異であった。高田松原は都市公園として林内に遊歩道が整備され、気持よく散策できるように、低木類や下草などはきれいに刈り取られていた。もしも林床のこれら下草や低木類が手付かずの自然であったなら、この度の津波被害はどうであったろうか。また野球場やサッカー場などがなくて松林で密閉状態にあったなら、被害はどうであったろうか。たとえこれらの状態であっても、この度の超巨大津波の侵入を食い止めることはできなかったであろうが、津波の勢いをいか程か減少させたであろうと考えられる。

明治三陸津波・昭和三陸津波・チリ地震津波などに際して、高田松原は防潮林としてその機能を十分発揮して、高田市民を守った。今後もこれら三つの津波程度の、あるいはこれら以下の大きさの津波はしばしば来襲するであろう。そのためにも防潮堤と共に防潮林を必ず復旧させねばならない。ドイツの宰相ビスマルクは「愚者は体験に学び、賢者は歴史に学ぶ」と警句を発した。今この句を噛み締めるときである。

新高田松原は高さ一二・五メートルの防潮堤の内陸側に高さ一五メートルの丘を土盛りして造成し、その上にクロマツを植栽して造る構想である。これはすぐれた計画であると思う。これが実現すれば植栽した松は地中深く根を伸長させることができ、おそらく頑丈《がんじょう》な松林ができるに違いない。土盛りには多大の時間と経費を必要とするが、百年の大計であり、ぜひ実現してもらいたい。

## 新高田松原の機能を限定的に

これまでも少し触れてきたが、新高田松原が実現したら、この松林を防風林・防潮林の機能のみにとどめ、他の機能を兼備することを避けるのが賢明である。必要な間伐や更新伐を実施しても、松林は常にうっ閉状態を維持するように努めなければならない。

そして新高田松原はあくまでも防風林・防潮林として存在し、住民の生命・財産を守ることを第一義とする。他の目的の施設とは一線を画した存在であることが望まれる。

ナショナル・メモリアル・パーク（国立大震災記念公園）設置構想は現在のところその設置場所やその内容は確定していないようであるが、おそらく高田松原の跡地に設置されるであろう。旧松林の面積は高田松原総面積の三分の一であったから、残り面積をメモリアル・パークとして利用することは可能であろう。

しかし、松林の中に公園施設が入り込むようなことは絶対に避けねばならない。松林と公園は共存しても共有することは厳禁としたい。両者は明確に分離して、それぞれ独立性の高い存在であってほしい。そうすれば天災の来襲を受けても共倒れする確率は小さいであろう。


メモリアル・パークは当然のことながら、一般都市公園とはその内容が異なった公園でなくてはならない。東日本大震災を記念する博物館・美術館・写真館その他貴重な震災資料の陳列館を造り、広く大勢の人々に見てもらい、この度の大震災に対する思いを新たにするとともに、天災の来襲に対する備えを考える機会とする。また、災害教育や避難法など、中央の学術的地震津波研究所とは目的の異なった、ユニークなテーマを取り扱う災害研究所を設置して、全国に向けてその成果を発信する拠点とすればさらに有意義である。

メモリアル・パーク内にこれら建物が建設されるであろうが、公園内の空地には可能な限り多くの樹木を植栽して、津波対策を怠らないようにすることは論をまたない。数本の樹木があったため家屋が津波から守られたという実例は少なくない。

# 終章

波静かな広田湾。向こうの山々は広田半島

## 3・11大震災後の高田松原跡地に立って

二〇一一年五月二六日、広田湾は明るく晴れ渡り、海は波もなくきらきらと輝いていた。悪夢と思いたい大津波など全く想像さえできない程の静かな湾であった。気仙沼市に通じる東浜街道に立って、はるか下の海の向こうを眺めると、広田半島が緑の山々におおわれて東方に長々と延びている。急な坂道を下って福伏《ふっぷし》の浜まで降りてみると、この辺りでも津波の来襲を受けたらしく、浜近くの家々は津波で流失して土台だけが残っていた。

東日本大震災の巨大津波で高田松原は消滅した

浜の背面の屏風のような崖の上の杉林は海水をかぶったのであろうか。すでに葉はすっかり褐変《かっぺん》していた。浜近くにある高さ十数メートルの豆粒ほどの小さな穴空島《あなあきじま》の頂にある枯木の枝に海藻がひっかかっているのをみると、巨大津波がこの湾内を一呑みにしたことを想像させる。

　本書を執筆するにあたり、大震災後の現地に入ってその変化を確認しておかねばと考えていた。災害現場を見ることもなしに、被害地云々《うんぬん》する評論などは言語道断である。

　大震災直後の生々しい現場を体験したいと思ったが、交通事情・食料・宿舎な

残った一本松。背後は崩壊したユースホステル

ど思うに任せず、特別な人びと以外は現地に入ることは困難であったので、時宜の到来を待つことにした。

たまたま月刊誌『第三文明』が陸前高田を企画したので、一緒に同行をお願いし、五年ぶりで陸前高田の地を踏むことになった次第である。

カメラマン・編集者らとともに総勢六名は高田松原の跡地に向かった。

気仙町木場あたりの国道四五号線沿いに駐車して一本松へと歩き始めた。辺りを見廻すと人の気配はほとんどなく、茫然自失《ぼうぜんじしつ》として言葉が出ない程である。北側の山麓まで一面の荒野となって、残るものはごく少数のビルの廃屋だけで、この町で生活していた人々は一体どこでどうしているのか。一九四五年三月一〇日のあの東京大空襲で下町一帯は灰燼《かいじん》に帰し、約一〇万人の犠牲者を出した焼野原を想い出した。人災は途轍《とてつ》もなく大きな不幸をつくるが、天災もまた罪深いことをするものだ。

一本松は国の内外で話題になった存在で、この辺りは元々アカマツの老木がたくさんあった場所である。残った松は一本だけであるが、ユースホステルの建物が犠牲になって、津波の勢いをいか程か減退させたと思われる。一本松はそのお蔭《かげ》であるかもしれない。

ユースホステルは無残な残骸を晒《さら》している。防潮堤も恐らくありったけの力で津波に抵抗したであろう。その表面は津波に剥《は》ぎ取られて石積みの基礎が露出している。

この防潮堤は松林の北縁に

高田松原の防潮堤は基礎の石積みだけ残して消えた

あったから、いま石積みの残骸の上に立って南側の海上を見渡すと、旧松林地は地盤沈下してほとんど海面下にある。

人の気配の全くない松林の遊歩道を松の樹皮を撫《な》でながら散策したことや、防潮堤の上を自転車でゆっくり走りながら、左右の松林を眺めた風景などが、いま目の当たりに彷彿《ほうふつ》として、気分は消沈するばかりである。

ついで高田松原の東部に移動する。高田町中田地区にある雇用促進住宅前に駐車した。陸前高田市では稀な五階建の大きなアパートが二棟あった。この度の津波はこのビルの四階まで侵入したというから、一〇メートル以上の高さの津波が来襲したことになる。この建物の下に立って、あの四階まで津波が来たといわれて見上げると、巨大津波の恐ろしさを改めて実感して、体は小刻みに震える。この大きな二棟のアパートも今は廃屋である。

国道を横断して松原跡に向う。夜間照明を備えた市営球場は無残にも破壊されて手付かずの状態にある。この近辺にはサッカー場・児童遊園・海浜センターなどの設備があったが、いまはその存在さえわからない。また、あちこちに大きな「潮だまり」（タイドプール）

いまなおがれきの分別が行われていた

ができている。これは津波の流れに抉《えぐ》り取られてできた窪地に海水が溜ったものである。

壊れた防潮堤の上に立って海側を見渡すと、地盤は沈下して防潮堤のすぐ下まで海水が押し寄せている。身の毛がよだつ思いである。国道沿いの空地ではいまなおがれきの分別作業が行われ、ほぼ分別されたがれきの山々がどう処理してくれるかと待っているようであった。がれきの処理は見た目ほど単純ではなく、一筋縄では行かない難題が錯綜《さくそう》しているようであった。

廃墟《はいきょ》と化した街の真中に立って、街の復興や将来計画を考えると、気が遠くなる気分に落ち入る。

市行政当局や関係者は日夜懸命に将来計画などを検討していることであろう。本書の随所に設計私案を挿入してあるので、役立つことがあれば幸せである。緊急度の高い順位から一つ一つ着実に実現していくしかない。しかし、よりよい計画を案出するため検討を重ねることは必要である。廃墟から立ち上るのであるから、旧態と同程度まで復興させるのでは不十分であり、旧態以上の街づくりを実現して、住民を呼び戻すことを目標にしなければならない。

## 衆知を集めて未来を拓く

「経済」と「文化」を二本柱として、どちらも大震災前以上の程度を実現させることによって、青年男女が地元を離れることなくこの地で充実した生涯を送れるよう配慮した復興でなければならない。陸前高田市の自然美を生かした観光産業、これから具体化されるであろう都市計画を基礎にして、人工美を生かした観光産業など、衆知を集めればおのずから展望は開けると確信する。

例えばこれから造成が始まるであろう市街地の道路は、海岸線と平行な数本の主要道路と、これらとT字型に結ぶ道路を計画し、必ず文化の香がする魅力的な街路樹を植える。具体的には早咲きのカワヅザクラ通り、中手咲きのソメイヨシノ通り、奥手咲きのヤエザクラ通り、さらにパリの香がするマロニエ通り、ワシントンを彷彿《ほうふつ》させるハナミヅキ通り、その他スズカケ通り、ナナカマド通り等々、四季折々歩道を歩いているだけで内外の文化的雰囲気に旅人や観光客を招き入れる。熱意と知恵があれば東北随一の文化都市を構築できると思う。このためには市の青年男女の力が不可欠である。

「陸前高田市青年文化協会」を結成して、音楽、演劇をはじめとする各種文化芸術活動を盛り上げ、運営の中心として活動する。青年が都会に逃げ出したりせずに、陸前高田市内の生活で十分満足でき、エネルギーを発散できるに十分な組織と施設を造り上げていくことが必要である。これらは他人任せではできない。自分らの力を信じて汗をかく以外に道はない。

前述したナショナル・メモリアル・パークの設立に際しては、園内にぜひ災害研究所を設置したい。ここは中央の学術研究所とは内容を異にし、地震・津波発生の現場に直接役立つ、実際的諸問題を対象として研究する。たとえば、児童生徒のための災害教育、全市民のための避難法、災害時における生活全面にわたる諸問題などである。ここで得られた研究成果は東北三県は言うに及ばず、全国各地の地震・津波発生地域の自治体や住民に発信する。

右に述べた文化活動を推進するには、経済的基盤の確立が前提になる。とりあえず着手できるのは観光産業であろうが、どうしても一次産品の加工業や、工業や建設業などの第二次産業で若者が働く職場を確保することが必要である。そのために大企業の工場誘致を市当局にお願いしなければならない。

そのためにもJR大船渡線の復旧を初めとする交通網の整備充実は早急に着工してほしい。いかに自動車輸送が盛んであっても、鉄道輸送はより大きな力をもっている。鉄道のない町は陸の孤島にも等しい。交通網の便利性と地元産業の発展および市民生活の活気は互いに相関関係にある。

## 先達の知恵を活かし高田松原の復旧を

最後に本書の目的である高田松原の復旧についてである。

津波の去った跡地を見渡すと、今日でも津波の爪痕はほとんどそのままの状態で、大きな建物や施設の残骸が無残な姿を留めている。しかし、遅々としながらも整理は進んで、旧陸前高田市の市庁舎は解体に至った。

破壊された防潮堤、あちこちにできた大きな潮だまり、海面下にある旧砂浜等々、これらの地を整理した後、土盛りが終わるまで五年はかかるだろうと見積られている。土盛りが終わっても植栽は困難で、一〜二年間は土壌の塩抜きをしないと根付きは難いだろう。したがって海岸林の植栽が本格的に始動するのは数年後のことになり、失われた海岸林の植栽が完了するには一〇年かかるだろうと想定されている。旧松原のような緑の樹林をとり戻すには一〇〇〜二〇〇年先のことである。

この大震災で受けた海岸林の被害は、青森県から千葉県までの太平洋沿岸で、浸水面積は約三七〇〇ヘクタール、倒木などの被害は約一七〇〇ヘクタールと農水省は発表した。海岸林の復旧に必要なクロマツ苗木は約一〇〇〇万本以上と林野庁では試算した。これら必要な苗木の入手は大きな課題である。

一つの私案として、本書では全国各地の苗木生産業者に呼びかけて献木してもらうか、あるいは低価格で譲り受ける方法を提案した。滅多にない国難ともいえる危機であるから、献木の提供者は少なくないと思われる。全国から約一〇万本の献木によって造成した東京の明治神宮の森については前述した通りである。クロマツの実生から育成するとの情報を聞いているが、これも併用すればよい。

松林復旧の作業は長期間を要するもので、この大震災で職を失った人びとに職を提供する機会になり、市民の活性化にもつながる、意義ある失業対策事業でもある。

このような実例は他にもある。すなわち、長野県須坂市の臥龍《がりゅう》公園建設当時、アメリカ金融界の恐慌（一九三〇〜三三）の影響で須坂の生糸や絹織物の輸出は激減して、町は失業者であふれた。公園内の巨大な臥龍池を造成するのに、失業者を雇用して美事な公園を完成したのであった。また、明治神宮の森の造成にあたり、全国各地の青年団員

壊滅状態の市街地に立って考える。背後のアパートは4階まで津波が流入。いまは廃屋

から奉仕活動の希望があり、優秀な人材を選抜してこれに従事させたので、職人達よりも上手で丁寧に植栽し、しかも予定期間より短縮して完成したという。高田松原の復旧作業に参考にならないだろうか。

明治三陸津波以来度重なる地震津波に遭遇した人々、農水省、学者、研究者らの体験談、反省事項、提案、研究成果などに再び光を当てながら、机上の私案も交えて、ここまで書き綴ってきた。

論評したり試案を作ることは誰でも容易にできるかもしれない。しかし、実際に高田松原を復旧させることを実現できるかどうか、不安におびえる。完成までに要する長期間の問題よりも、想像も及ばない程の膨大な費用の件である。

例えば、宮城県名取市では被災地をかさ上げして、宅地や市道にするモデルを公開した。それによると、縦三四メートル、横二六メートルの基礎の上に高さ五〜六メートルのピラミッド状に土盛りした。これに約一〇〇〇万円かかったという。住民の一部はこの計画に反発し、居住地を内陸側に移せばこんな出費は不要との反対意見を提出したという。内陸部や高台への移住は、明治三陸津波以来しばしば提出されてきた案件である。

この記事を読んだ後、幅一〇〇メートル、長さ二キロメートルの高田松原跡地を整地し土盛りするのにどれほどの費用がかかるかと考えたとき、頭の内は真っ白になる。松原の復旧は可能だろうか。

しかし、海岸防災林の復旧は、飛砂、暴風、津波から住民を守るに必要な最低限度の対策である。これだけは次世代のためにもぜひ達成しなければならない。

陸前高田市民の努力と全国民の支援と協力によって、新高田松原が復旧し、大木の松林ならずとも、しっかり根付いたクロマツの若い松林だけでも見届けたいものである。

# おわりに

## 先祖に林学者がいた

本書を書くようになった動機はいくつかあるように思う。

「門前の小僧習わぬ経を読む」というよく知られた諺がある。筆者もまたその小僧の一人かもしれない。

停年退官するかなり以前から、やがて趣味や道楽として、日本の樹木や公園などについて、著述や講演をやりたいとは考えていたが、これらを半ば職業にすることは全く想定していなかった。退官後は私立大学に勤め、専ら学生の教育にあたり、森林や公園についての執筆や講演は余技とするつもりであった。

このような考えに至る背景には、先祖に本多静六や三浦伊八郎という（両人とも東京帝国大学教授）わが国を代表する林学者がいて、彼らの著書や論文はかなり散逸したものの、貴重な資料がまだかなり残っていたので、これらを掘り起こして、新しい光を当てれば記事になるのではないかと考えた。その当時からもう二〇年近くの時が流れた。

実は退官する年の三月以前に、理系（生物）の私立大学に再就職が内定していたが、退官直前になって突然再就職は取り消しになった。やむを得ず一年間は現役時代の資料整理などに当て、結局この一年は浪人した。翌年四月縁あって文系の私立大学に就職した。当然のことながら、実験科学的な設備も図書もないので、これまでやって来た研究の継続は全く不可能であった。その上実験研究を補助してくれる助手や関係者はなく、全く一人であった。このような体制では理系的研究はできない。

そこで、前記の祖先が残した文献や資料を用いて森林文化史的な分野の開拓や啓蒙に従事すれば、退屈することなく、仕事ができるだろうと考えた。

昔の森林文化に関する論文にあたり、各地に出かけてこれを実地検証し、これに現代的基盤に立った論評を加えれば、記録として残すことができるだろう。このように考えれば浪人も無駄ではなかったようで、文系大学への就職は祖先のお導きだったのかもしれない。

## 森林文化史の視点からの連載を通じて

第二の動機は以下の通りである。数年前、森林文化協会（朝日新聞社）の機関誌月刊『グリーン・パワー』に「白砂青松を行く」と題して、全国各地の海岸松林、具体的には「日本十大松原」や「日本三大白砂青松」などを森林文化史的立場から紹介する記事を二年間連載したことがある。

各地の海岸松林を隈なく踏査し、写真撮影をし、地元の人々に話を聞き、地元の新聞、図書館の資料など可能な限り広く取材して執筆した。本書の高田松原もこのシリーズの一環であった。当初は単行本など考えていなかったが、二年間の取材でかなりの資料がたまって、一冊の本にまとめるに十分な量となった。

全国各地の松原を歩いてみると、手入れや管理が不十分なため、その存続が危ぶまれるところもあり、かつて天下の松林であったものが全く姿を消して、地元の人々さえ、松原のあったことを知る人が多くない現状である。

例えば「須磨から明石は松原つづき」といわれたように、ここは天下に誇るクロマツの老木が連なる美しい海岸松林であったが、今日では舞子にごく小規模の松林が残るだけである。特に国道の拡幅や鉄道の複々線化などの犠牲になって消滅したものである。また、天下の名松林といわれた博多の「千代の松原」もその例外ではない。市の観光案内所の職員でさえ、千代の松原の名称も所在地も知らなかった。この松林が完全消滅したのであるから当然であろう。

松は日本の原風景を構成する代表的な樹木であり、それ以上に、松は日本人の心の樹でもある。これが都市開発の波に飲まれて犠牲になる姿、あるいは松くい虫の被害によって枯死する姿などを見るのは実に悲しいものである。ならば犠牲になった松に代って、次々世代に生きる人々のために、新たに松の植栽を奨励しなければならない。これは現代に生きる私どもの義務の一つかもしれない。松は五〇歳や六〇歳ではまだ大人ではなく、日本の原風景を支える姿にはなり得ない。

## 東日本大震災の衝撃

本書を執筆する最も大きな動機は、何といっても、あの高田松原が東日本大震災の大津波で、一瞬のうちに消滅するという信じられない強烈な衝撃であった。

震災後の現地を見ると、なるほど松原は見事に消失して、津波が荒れ狂った後の地肌が痛々しい姿を残していた。江戸時代から三〇〇年以上にわたって、この高田松原は度重なる津波に対して陸前高田の住民の生活を守ってきたことは確かである。

この度の大震災は日本人の想像を絶する巨大地震であり、巨大津波であって、これに対応する策は考えられていなかったから、住民の生命・財産をはじめとするすべてのものが津波の餌食となったのは未曽有の不幸であった。この巨大津波に対する手立ては各人が高台に逃げる以外なかったのだから、どうしようもないと覚悟しなければならない。

今後M9以上の巨大地震がしばしば発生するとは考えにくいが、M7・M8程度の地震による津波（明治三陸津波・昭和三陸津波）の発生する可能性はあるだろう。そのための対策の一つとしても、速やかに、高田松原の復旧計画を具体化しなければならない。前述したように高田松原は明治三陸・昭和三陸両津波に際して、その被害を最小限に食い止めた実績をもっているからである。

しかし、震災後の現場を眺めると、この海岸を森林化することの困難さを痛感する。長さ二キロメートル、幅平均一〇〇メートルの砂地を塩抜き・整地・土盛り・植栽などの連続工程にどれほどの時間と労力と費用とがかかるかを考えたとき、失神しそうである。

松林の復旧には二〇年はかかるだろうとの予想も聞えてくる。

大震災から二年経過した今日でも、陸前高田市ではまだがれきの整理の段階である。都市計画の下図などは、もうできているかもしれないが、公表できる段階の計画はまだ先のようである。連日復興に打ち込む市長をはじめ担当職員の苦労の程が偲ばれる。

全国各地にある海岸防災林の多くは、当地の先覚者たちが住民の生活を守るために、私財を投じ悪戦苦闘の末に成就したものである。海岸の砂地に植林するのであるから、並大抵の作業ではない。失敗に終わるのが普通であり、先人たちは工夫を重ねて幾度も挑戦して、これを成し遂げたものである。

## 先人達の偉業を未来に活かす

本書でとり上げた「高田松原」の菅野杢之助・松坂新右衛門、さらには「風の松原」の越後屋太郎右衛門・栗田定之丞他、「万里の松原」の本間光丘・佐藤藤蔵他らは、それぞれの土地の先覚者であった。現代に生きる私どもは彼ら先人たちが残した貴重な遺産の恩恵に浴して生きているのである。

先人たちは自然災害の科学についてはほとんど無知であったであろうが、防災法については、長い歴史の伝承によるもののほか、彼ら自身の災害体験から得た方法などによって、その時代に可能な方法を採用していたと思われる。しかし、その方法が最適であったとは限らない。そのため、次の災害体験で再び改めて新しい方法へと移行した。このような永年の体験の集積を基にして、明治三陸津波・昭和三陸津波の時代には基本的な防災法はほぼ出揃《そろ》っていたように思われる。

今日私どもが知っている天災に対する防災法や避難法の多くは、昭和三陸津波当時すでに提案されていたものである。今日の近代的防災法は当時提案された方法を補充し、補強してはいるが、基本的には当時のものと変わりない。ところが、私ども現代人は先人が提出したこれらの方法を無視したり、実行しなかったり、実行してもいつの間にか都合のよい安易な方向に変更するなどして、防災方法と真剣に向き合い、留意することが欠けていたことは否定できない。

本書は先人たちの防災に関する業績の紹介を中心課題にして執筆したのは、私どもが先人たちの防災に対する使命感に思いを致すとともに、その原点に立ち戻って、彼らの仕事の内容と成果を考察することは、この度の大震災の復興に必ずや参考になり、役立つと信じたからである。「温故知新」（故《ふる》きを温《たず》ねて新しきを知る）という格言が、いま生き生きとその存在意義を示している。

津波に対する最良の避難法はいち早く高台に逃げることである。

明治三陸津波を体験したある集落では、生き残った住民全員が高地に逃げ、ここに移住した。しかし、「喉元過ぎれば熱さ忘れる」のたとえ通り、住民らはやがて再び海岸近くに移住した。ここで再び昭和三陸津波に出合ってその犠牲となった。

この諺は日本人だけのものではなさそうで、西欧にも「危険が過ぎ去ると、人は神を忘れる」（The danger past and God forgotten）というのがある。人は重大な心掛けをも時の流れとともに忘れるのは、洋の東西を問わず人間の共通性であるらしい。

## 高田松原の再生を切に祈る

終わりにあたって、高田松原は無残にもあえなく、おそらく何の抵抗もできずに、巨大津波に飲み込まれてしまった。

それでも高田松原をぜひ復旧してほしい。復旧しなければならないと考える。

その理由は本文中に詳細に述べたが、細部においては、まだ不十分であるかもしれない。壊滅した陸前高田市の市街地は復興できることは確実であろう。前例があるからである。第二次大戦中の大空襲によって見渡す限り灰燼に帰した焼野原を見たとき、将来復興できるであろうかと不安であったが、東京の市街地は戦前以上に見事に復興した。

他方、壊滅した海岸防災林の復旧した例は知らない。

しかし、高田松原の復旧も必ずや実現するであろうと期待する。復旧に当たる人びとの苦労は想像を絶するものがあり、一〇年、二〇年の歳月を要するであろうが、成就するに違いない。その根拠はわが国の長い歴史の間に自然と共存する柔和な文化を培ってきた日本人の国民性にあると考える。すなわち、天災が発生したとき、自然と剛直に対決するのではなく、自然の力を借りて復旧し、共存するという思考である。

例えば、江戸時代初期秋田藩の家老渋江正光は藩主佐竹義宣に対して、「国の宝は山なり。然れども伐り尽くす時は用に立たず、尽きざる以前に備え立つべし。山の衰えは即ち国の衰えなり」と説いた。「森林は国の元なり」と言った熊沢蕃山と同じ精神であった。このため、秋田藩には天下に誇るスギの美林が生まれたのである。藩政時代から今日に至るまで、治山治水はわが国の要であった。

現在でもわが国は世界屈指の森林国である。これを維持できるのは、森林を愛育する日本人の国民性による。これを失わない限り高田松原の復旧ができないことはないと考える。いかがであろうか。

縁あって月刊誌『第三文明』に執筆する機会があり、これが契機になって、編集部より高田松原の復旧を単行本にまとめたらとのご親切な言葉をいただいた。出版業界も例外ではなく、不況の最中にあるのに第三文明社が本書の刊行を引き受けて下さること心から感謝いたし、有難く厚くお礼申し上げる。

平成二五年二月

遠山　益

## 参考引用文献一覧（書籍名は『　』とする）


1、金井紫雲『松』芸艸堂出版社　一九四六
2、志賀重昂『日本風景論』岩波文庫　一九九五
3、有岡利幸『松と日本人』人文書院　一九九三
4、有岡利幸『松、日本の心と風景』人文書院　一九九四
5、筒井迪夫『山と木と日本人』朝日選書　一九八二
6、筒井迪夫『森林文化への道』朝日選書　一九九五
7、三成利男『松の緑こそわが命なり』一九八四
8、日本の松の緑を守る会編『日本の松の緑を守る』一九八五〜二〇〇五
9、日本の松の緑を守る会編『日本の白砂青松一〇〇選』日本林業調査会　一九九六
10、菅原聰編『森林—日本文化としての—』地人書館　一九九六
11、若江則忠『日本の海岸林』地球出版社　一九六一
12、村井宏他編『日本の海岸林』ソフトサイエンス社　一九九二
13、小田隆則『海岸林をつくった人々』北斗出版　二〇〇三
14、遠藤安太郎『郷土を創造せし人々』大日本山林会　一九三四
15、小口義勝『海岸防砂先覚者伝』林野共済会　一九五六

16、青森林友会　三陸地方津波特別号　青森林友二一七号　一九三三
17、農林省山林局　三陸地方防潮林造成調査報告書　一九三四
18、宮城県立農業試験場　『チリ地震津波における防潮林の効果に関する考察』
宮城県立農業試験場　臨時報告第五号　一九六一
19、陸前高田市役所　『陸前高田市史　自然編、沿革編』　一九九五
20、陸前高田ロータリークラブ　『高田松原ものがたり―消えた高田松原』　二〇一一
21、陸前高田ロータリークラブ　『高田松原を守ろう』　二〇〇五
22、陸前高田市史編集委員会　『陸前高田歴史探訪』　二〇〇二
23、遠山益　「白砂青松を行く」『グリーンパワー』三月号・四月号
朝日新聞社・森林文化協会　二〇〇八
24、遠山益　「それでも海岸林を～高田松原の復旧を目指して～」
『第三文明』八月号　第三文明社　二〇一一
25、青森林友会　『防潮林経営研究録』　一九四八
26、農林省山林局　『津波災害予防林（防潮林）造成に関する技術的考察』　一九三五

# 索 引

**遠山 益（とおやま・すすむ）**

1930年、福島県会津若松市生まれ。お茶の水女子大学名誉教授。理学博士。日比谷公園などを造り「公園の父」と呼ばれる本多静六氏（林学博士・造園家）の曽孫。東京教育大学（現筑波大学）理学部生物学科卒業。同大学大学院博士課程修了。専門は生物学。お茶の水女子大学教授、聖学院大学教授などを歴任。著書に『人間環境学』『図説生物の世界』『本多静六 日本の森林を育てた人』『生命科学史』など多数。

**松林《まつばやし》が命《いのち》を守《まも》る**
高田《たかた》松原《まつばら》の再生《さいせい》を願《ねが》う

二〇一三年三月二〇日　初版第一刷発行

著者　遠山《とおやま》　益《すすむ》
発行者　大島光明
発行所　株式会社　第三文明社
東京都新宿区新宿1-23-5　〒160-0022
電話番号　03-5269-7154（編集代表）
03-5269-7145（営業代表）
振替口座　00150-3-117823
URL　http://www.daisanbunmei.co.jp

印刷所／製本所　藤原印刷株式会社


ISBN978-4-476-03319-9